SAMMLUNG GÖSCHEN BAND 375

Geschichte Englands

Von

Dr. Hugo Preller

ord. Prof. an der Universität Jena

Teil I: bis 1815

3., stark umgearbeitete Auflage

WALTER DE GRUYTER & CO.

vormals G. J. Göschen'sche Verlagshandlung — J. Guttentag, Verlagsbuchhandlung
Georg Reimer — Karl J. Trübner — Veit & Comp.

Berlin 1952

Archiv 110 375
Druck: (1) Paul Dünnhaupt, Köthen (Sachsen-Anhalt)
Zulassungsgenehmigung 13/05 V

Inhaltsverzeichnis und Zeittafel

A. Das Zeitalter des Überwiegens der Naturalwirtschaft

I. Voraussetzungen

B. Das Zeitalter der werdenden Geldwirtschaft (XI.—XV. Jahrh.)

II. Der Weg zum Ständestaat (1071—1216)

1066—1087 Wilhelm I.; 1085 Domesday-Book, 1086 Vasallentag zu Salisbury

1087—1100 Wilhelm II.; 1097—1107 erster Investiturstreit; Anselm v. Canterbury

1100—1135 Heinrich I.; 1100 erste Charte

1135—1153 Thronfolgestreit

1154—1189 Heinrich II. Anjou; 1164 Konstitutionen v. Clarendon; 64—70 Zweiter Investiturstreit, Becket; 70—75 Irland angegliedert, 75 Schottland Lehnsstaat; 1181 Wehrordnung

1189—1199 Richard I.; 1198 Beginn der ersten Auseinandersetzung mit dem französ. Königtum (bis 1259)

1199—1216 Johann; bis 1206 Krieg mit Philipp II. v. Frankreich; 1206—13 dritter Konflikt mit dem Papsttum (Innocenz III.); 1214 Bouvines, 1215 Magna Charta

III. Der Ständestaat des späteren Mittelalters (1216—1485)

1216—1272 Heinrich III.; 1258 Provisionen v. Oxford, 59 Friede mit Frankreich; 60 bis 72 Baronenkrieg, Simon v. Montfort; 65 Parlament mit Städtevertretern

1272—1307 Eduard I.; 1282 Wales unterworfen, 91—96 Schottland lehnspflichtig; 97 Erhebung der Schotten; 1298—1307 vierter Konflikt mit dem Papsttum (Bonifatius VIII.)

1307—1327 Eduard II.; 1314 Bannockburn, Schottland unabhängig

1327—1377 Eduard III.; 1337 Beginn der zweiten großen Auseinandersetzung mit dem franz. Königtum („hundertjähr. Krieg"), Zusammengehen von Franzosen mit Schotten, 1360 Bretignyfriede

1377—1399 Richard II.; steigende Bedeutung des Hauses der commons, 1381 Bauernaufstand, 84 Wiclif gestorben

1399—1413 Heinrich IV., König durch d. Parlament

1413—1422 Heinrich V. regiert „parlamentarisch", 20 Friede v. Troyes

1422—1461 Heinrich VI.; 29—31 Jeanne d'Arc; 35 Parteiwechsel Philipps v. Burgund; 53 Ende d. Kämpfe mit Frankreich; 59 Beginn d. „Rosenkriege"

1461—1483 Eduard IV. York; 1470/71 Ende d. von Frankreich gestützten Lancasters; 74 bis 75 Krieg mit Frankreich

1483—1485 Richard III.; Niederlage gegen den von Frankreich begünstigten Heinrich Tudor

C. Das Zeitalter des Übergewichts der Geldwirtschaft (XVI.—XIX. Jahrh.)

IV. Königtum und Parlament im Zeitalter der konfessionellen Kämpfe, der wirtschaftlichen Umbildung und der Anfänge politischer Parteien (1485—1688)

V. Das XVIII. Jahrhundert (1688—1815): Innere Beruhigung, Machtkampf mit Frankreich, neue wirtschaftliche und gesellschaftliche Verhältnisse

1683—99 der sechzehnjährige südosteuropäische Krieg. 89 Declaration of rights als Wahlkapitulation; 1701 Act of settlement als Thronfolgeordnung; Gegenaktion der Jakobiten in Irland 1689/90, in Schottland 90 u. 92; in England 96. 1700—21 Nordischer und 1701 bis 1714 Spanischer Erbfolgekrieg

1702—1714 Anna Stuart: 1707 Vereinigung Schottlands mit England zu Großbritannien. 1712 Beginn der Utrechter Friedensverhandlungen, April 1713 Anfang der Utrechter Friedensschlüsse. Anna gest. 1. 8. 14

1714—1727 Georg I. von Hannover: Kabinettssitzungen ohne König; 1716 siebenjährige Parlamentsperiode; 1715 im Zusammenhang mit d. spanischen Krieg jakobitischer Anschlag von Schottland aus. 21—42 Ministerium Walpole. 1718 Quadrupelallianz, 1725 Herrenhäuser Bund

1727—1760 Georg II.: 1738 „Rule Britannia"; 1743 „God save the king" als Sammelruf gegen eine jakobitische Erhebung im Zusammenhang mit dem „Österreichischen Erbfolgekrieg" (1740—48). 1755 bis 1763 Krieg mit Frankreich um Indien und Nordamerika. 1757—61 Außenminister Pitt d. Ä.

1760—1820 Georg III.: 1763 Friede von Paris. Merkantilistische Wirtschaftspolitik. 1760 bis 1785 Grundlegung zur Revolutionierung der Technik im Produktions- und Verkehrswesen, Übergang vom Holz- zum Eisenzeitalter. Kapitalist und Proletarier. 1775—83 Nordamerikanischer Kolonialkrieg, Friede von Versailles. 79—82 Irischer Aufstand

1783—1801 Ministerium Pitt d. J. (Tory): 1793 bis 1815 das letzte große, 22jährige Ringen mit Frankreich. 93 irische Erhebung. 93—97 erste Koalition mit Preußen (bis

Zur Literatur

Die ältere Literatur findet man bei Herre, Quellenkunde zur Weltgeschichte, Leipzig 1910. Fortführung dieses Werkes ist dringendes Bedürfnis.

Genealogie: O. Lorenz: Genealog. Hb. d. europ. Staatengeschichte, 1908, 3. und bis jetzt letzte Aufl., verbesserungs- und fortsetzungsbedürftig.

Geographie: Spruner-Mencke: Histor.-geograph. Handatlas, 3 Abteilungen, 1837—52. Droysen: Allgem. histor. Handatlas, 1886. Putzgers Histor. Schulatlas, in zahlreichen Aufl., z. B. 45. von 1924 (sehr gut). Meyers Hist. Handatlas, 1911 (empfehlenswert). Westermanns Weltatlas, zuerst 1921/22, dann 15. Aufl. 1926 (sehr wertvoll).

Lappenberg, Pauli, Brosch: Geschichte von England, 10 Bde., 1834 ff.

Cambridge Modern History, her. von Acton u. Ward, 13 Bde., 1902 ff.

Gardiner and Mullinger: Introduction to the study of English History, 1903.

Hunt and Pole: Political Hist. of England, 12 Bde., 1905 ff.

Cambridge Medieval History, her. v. Bury u. Gwatkin, 1911 ff.

Hatschek: Engl. Verfassungsgesch. bis z. Regierungsantritt der Königin Viktoria, 1913 (mit reicher Literatur).

Friedrichs Handb. f. d. Geschichtsunterricht Bd. III und Bd. IV 1 u. 2, Leipzig 1922, 25, 26 (reiche Quellen- u. Lit.-nachweise!).

Preller: Die Weltpolitik des 19. Jahrh., Berlin 1922.

Wendt: England, seine Gesch., Verf. u. staatl. Einrichtungen, 1923, 6. Aufl. (die 7. von 1927 ist ein um 33 Seiten Anhang vermehrter Abdruck).

Salomon: Engl. Gesch. v. d. Anfängen b. z. Gegenwart, 1923 (leider nicht fehlerfrei).

Dibelius: England, 2 Bde., 1923 (Bibliographie S. 3. 27. 47).

Ludw. Riess: Englische Geschichte, 1926.

Brentano: Eine Gesch. d. wirtschaftl. Entwickl. Englands, 3 Bde. in 4, Jena 1927—29.
Handbuch d. Englandkunde, 2 Bde., (Handb. d. Auslandskunde II), Frankf. a. M. 1928/29.
Trevelyan: History of England, Lond. 1929 (m. reichem Lit.nachweis); deutsch München 1947 in 2 Bden.
Hettner: Englands Weltherrschaft, 4. Aufl. 1930.

---

7 Stammtafeln:

2 Karten:

A. Das Zeitalter des Überwiegens der Naturalwirtschaft

I. Voraussetzungen

1. Vor der Völkerwanderung

a) **Der Raum.** Die drei schon von den Römern unterschiedenen Länder Britannien, Kaledonien und Hibernien entsprechen im Flächeninhalt (312 868 qkm) der Hälfte von Afghanistan. England und Wales (151 5694 qkm) ist nur doppelt so groß wie Bayern.

b) **Geographisches und Klimatisches.** England besitzt gegenüber Schottland morphologische (Ebenen und leichtwelliges Hügelland, nur in den beiden westlichen Halbinseln Gebirge), klimatische (bei aller Feuchtigkeit mild) und geographische Eigenheiten (größere Nähe zum Kontinent). Das charakteristische Verhältnis hingegen von Fläche und Küstenlänge, die reichen Lagerstätten an Kohle und Eisen treten als geschichtsbildende Kraft erst innerhalb der letzten 400 Jahre auf.

c) **Urbevölkerung.** Träger der Urgeschichte war eine dunkelhaarige („iberische") Bevölkerung mediterraner Herkunft. Ihr gehören die Steinsetzungen an, deren berühmteste, das Ringgefüge von Stonehenge, etwa um die Wende vom 3. zum 2. Jahrtausend errichtet sein mag.

d) **Die Kelten.** Um die Mitte des letzten Jahrtausends v. Ztw. wanderten keltische Stämme ein. Sie machten sich als zahlenmäßig dünne, aristokratische Herrenschicht durch Unterwerfung der vorhandenen Ureinwohner zu Grundherren; die Sklaverei war Voraussetzung für ihre landwirtschaftlichen oder auch bergbaulichen Betriebe. Die keltische Periode umfaßt rund ein Jahrtausend. Aus der Urgeschichte wurden die Kelten durch Cäsar in die „Geschichte" eingeführt. Die etwa 320jährige römische Besatzungszeit (90—411) hat blutmäßig so gut wie keinen Einfluß hinterlassen.

Die Romanisierung äußerte sich neben der Übernahme des lateinischen Alphabetes und der Anlage von Militärstraßen und in deren Folge von Städten in dem Eindringen des Christentums auf der dogmatischen und kultischen Entwicklungsstufe des zweiten Jahrhunderts. Zu Beginn des 4. Jh. bestand ein organisiertes Kirchenwesen mit Londinium, Eboracum (York) und Colonia Lindiensium (Lincoln) als Bischofssitzen. Von York ging 306 Konstantin aus. Von England erhielt im 4. und 5. Jh. Irland das Christentum; in eigenartiger Ausprägung drang es von dort nach Schottland (6. Jh.; Columba d. Ä. gest. 598), dann nach Burgund (Columba d. J. um 600), nach Oberdeutschland und Thüringen (Gallus gest. ca. 645, Fridolin, Eustasius, Kilian). Kelte war der gelehrte Pelagius, der 411—418 in Afrika mit Augustin hart zusammenstieß, und Kelte war auch der dem 9. Jh. angehörende große Gelehrte Johannes Scottus Eriugena, um 850—880 Leiter der Hofschule Karls des Kahlen in Paris; durch Übersetzungen griechischen Schrifttums führte er dem Abendlande wichtige Bestandteile der griechischen Philosophie zu, so besonders in den Schriften des Pseudo-Dionysios Areopagita, die gegen 500 entstanden waren, die neuplatonische Mystik. Dieses Werk wurde so nächst Augustin zur wichtigsten Grundlage der Scholastik.

Zwischen den beiden keltischen Ländern Irland und Schottland entwickelte sich ein Unterschied in der politischen Struktur: die aus Irland erobernd eingedrungenen Skoten faßten unter Kenneth Macalpin (gest. 860) die keltischen Stämme zur staatlichen Einheit zusammen; ein Jahrhundert später fügte Malcolm I. ein von den Angelsachsen gegründetes Königreich Alclyde seinem Staate hinzu, der bald nach dem Beginn unseres Jahrtausends den Gesamtnamen Schottland erhielt.

2. Die angelsächsische Zeit (450—1070)

a) Wanderung und Ansiedlung (450—600). Im Unterschied von Irland, wo die normannisch-dänische Herrschaft keine nachhaltigen Spuren hinterlassen hat, und von Schottland verlor das Gebiet der keltischen Briten im 4. und 5. Jh. seine ethnographische Geschlossenheit. Gegen 450 kamen den von den Römern verlassenen, von den Skoten und Pikten bedrängten Briten die Sachsen und die Angeln zu Hilfe, machten sich aber zu Herren des Landes. Die in hundertjährigem Kampf zwischen Kelten und Germanen erstrittene Landverteilung schloß sich den Bodenverhältnissen an. Die aus dem norddeutsch-dänischen Flachland gekommenen Eroberer besetzten nur die Ebenen und das wellige Hügelland, d. h., geologisch gesprochen, die käno- und mesozoischen Teile; der gebirgige paläozoische Westen hingegen, also das Gebirge von Cumberland, die Penninischen Ketten, die in sich geschlossene Welt von Wales sowie die Halbinsel Cornwall blieben den Kelten. Im 6. Jh. wanderten unter dem Druck der Sachsen bretonische Kelten von Cornwall nach der Nordwest-Halbinsel von Gallien.

Die angelsächsische Invasion ist das wichtigste Ereignis der Vorgeschichte Englands. In ihr ging die römische Zivilisation zugrunde: die mit Steinmauern umgebenen, auch im Innern überwiegend aus Steinbauten bestehenden Stadtanlagen blieben unbewohnt dem Verfall überlassen, das Christentum wurde vernichtet und mit ihm alles, was an mittelländischer Kultur über den Kanal gekommen war. Nur die steinernen Straßenanlagen der Römer blieben. Ein scharfer Religionsgegensatz trennte die christlichen keltischen Walliser von den neuen heidnischen, germanischen Herren des fruchtbaren Flachlandes.

Diese begannen eine Zivilisation von ganz neuen Voraussetzungen aus zu entwickeln. Den Kriegerbanden, die anfangs ohne Familie, sengend, brennend, menschenvernichtend besonders auf den Flüssen ins Innere vordrangen, folgten Tausende von Familien, die sich nach der Sitte der Heimat in Holzblockhäusern neue Behausungen schufen. So war die Voraussetzung zur Entwicklung des englischen Staatswesens auf germanischer Grundlage gegeben.

Bei der Landnahme seitens der Germanen wurden nicht alle Kelten ausgerottet; was von ihnen im nationalen und religiösen Freiheitskampf nicht zugrunde ging, verfiel jedoch der Sklaverei. Eigentümer des Bodens wurden die Eroberer, und zwar in der jenseits der See gewohnt gewesenen Abstufung: dem Etheling, Friling und Lazzen der Heimat entsprachen hier der Earl, der Keorl und der Läte.

Die langwierigen Kämpfe mit den Briten führten bei der Notwendigkeit einheitlicher Zusammenfassung der Kräfte zur Entstehung von Königsgewalten. Diese Neuerung hatte tiefgreifende Umgestaltungen altüberlieferte Rechtsverhältnisse zur Folge: Die ursprünglich höchste Zusammenfassung des Gemeinwesens, der aus den Kreisen der Earls zusammentretende Rat der Weisen („Witenagemote") wurde zu einer den König beratenden Körperschaft, und der Earl an der Spitze einer Grafschaft (shire) sank mit der Zeit zu einem königlichen Beamten herab. Mit der Entstehung des Königtums entwickelte sich eine schärfere Gliederung der Germanen in gesonderte Königreiche, deren Zahl indessen nie auf die heilige Sieben begrenzt gewesen ist. Die neue Gliederung gab der angelsächsischen Geschichte einen weiteren Inhalt, sofern zwischen den zahlreichen Staaten gleichen Geblütes Kämpfe ausbrachen, die, je mehr die Nationalitätenkriege mit den Kelten im Laufe der Zeit zurücktraten, desto mehr an Bedeutung gewannen. Auch die Bildung eines Oberkönigtums hat hieran nichts geändert, weil es selbst zum Zankapfel zwischen den kleinen Staaten wurde.

Unter Übergehung dieser Schlägereien von Fall zu Fall und der langen genealogischen Reihen zahlreicher Fürstenfamilien werden wir uns unter dem Gesichtswinkel von Voraussetzungen zur eigentlichen englischen Geschichte auf eine Reihe von Beobachtungen beschränken.

In drei Zeiträume lassen sich die 650 Jahre angelsächsischer Geschichte aufteilen: a) während des 6.—8. Jh. liegt der Schwerpunkt politischer

Macht durchaus im Norden; b) Wessex, der Kristallisationskern der englischen Geschichte, tritt erst im 9. Jh. hervor, das zugleich durch die unaufhörlichen Dänenkämpfe seine Eigenart erhält; c) an sie schließt sich im 11. Jh. die Zeit der Fremdherrschaft an, zuerst der Dänen, dann der Normannen.

b) **Die Zeit der Vorherrschaft des Nordens (600—800).** Dreierlei ist für diese Zeit charakteristisch: 1. das Ringen der Religionen, 2. fast unausgesetzte Kämpfe von Königen verschiedener Reiche um eine Vormachtstellung, 3. ein trotz alledem überraschend hoch entwickeltes geistiges Leben.

1. Das Ringen der Religionen. Die religiöse Einheitlichkeit der britischen Zeit war durch das Auftreten des germanischen Heidentums zerrissen. Um die Wende des 6./7. Jh. begann aber das römische Christentum Boden zu fassen, und zwar nicht in der frühen Entwicklungsstufe des 2. Jh. (s. o.), sondern in der um Jahrhunderte späteren Eigenart. König Ethelberts von Kent Gemahlin Bertha, die römisch-christliche Tochter König Chariberts von Paris, hatte schon eine christliche Kapelle bauen lassen, als im Auftrage Papst Gregors des Gr. Abt Augustinus kam (597—604). Unter Berthas Protektion schritt seine Bekehrungsarbeit gut fort, 602 ließ sich auch Ethelbert taufen. Canterbury wurde Bischofssitz.

Ethelberts und Berthas Tochter wurde Gattin König Edwins von Northumbria (617—633); der Mönch Paulinus begleitete sie, Edwin nahm das Christentum an, York wurde Sitz eines zweiten Bischofs. Das jetzt aus Italien kommende Christentum hatte also gleich zwei Fronten: es mußte wie die germanische Religion auch das keltische Christentum auszurotten trachten. In Northumbria drang dieses seit 635 von Schottland aus ein. Das hing zusammen mit der Katholisierung Irlands, die im 7. bis 9. Jh. wieder von England ausging. Auch in Schottland faßte im 8. Jh. das römische Christentum zwischen dem irschen Platz.

2. Die Kämpfe zwischen den Reichen. Mit diesem Kampf dreier Religionen ging Hand in Hand der politische Krieg der Könige. Nur ein Beispiel für viele: Edwin von Northumbrien hatte sich zum Bretwalda über die Könige von Mercia, Eastanglia, Essex und Wessex erhoben. Er unterlag 633 dem heidnischen König Keadwalla von Wales. Dessen Besieger Oswald von Northumbrien war altbritischer Christ (634). Er fiel gegen den heidnischen König Penda von Mercia 641, und dieser erlag 655 dem altbritischen Oswin von Northumbrien. Mit den jeweiligen Siegern wechselte die Vormachtstellung des Bretwalda und die Bevorzugung seiner Religion. Oswin freilich schloß sich 664 auf der Synode von Whitby der römischen Kirche an. Auch Pendas Fall trug viel zur Durchsetzung des Christentumes bei. Ein buntes Durcheinander, ein unstetes Hin und Her, eine ungeheure Aufgewühltheit des religiösen und damit überhaupt des geistigen Lebens. Die Folge auf politischem Gebiet war das gänzliche Verschwinden jeder Vormachtstellung im 8. Jh. in Kriegen aller gegen alle.

3. Das geistige und besonders das wissenschaftliche Leben erreichte trotz der Erregtheit der Zeit eine erstaunliche Höhe. Viele Könige dieser Jahrhunderte zogen sich schließlich in ein Kloster zurück. Gegen Ende des 7. Jh. nahm der römische Einfluß stark zu. Entscheidend war das Jahr 669: Im päpstlichen Auftrag kam Erzbischof Theodor auf den Stuhl von Canterbury (bis 690). Er stammte aus Tarsus, hatte seine wissenschaftliche Bildung in Athen genossen, war in Rom Mönch geworden und längere Zeit in Frankreich gewesen. Zusammen mit dem ebenso gelehrten Abt Hadrian (669—710), einem Afrikaner, errichtete er eine theologische Schule; sie hat den Anschluß Englands an das westeuropäische, romanisch-germanische Kulturgebiet vermittelt. Auf den beiden ersten allgemeinen Synoden der englischen Geschichte 673 und 680 festigte Theodor die organisatorische und dogmatische Überlegenheit Roms. Seit 680 romanisierte Bischof Wilfried von York Sussex,

England in der angelsächsischen Zeit

so daß um 690 ein Netz von 14 Diözesen und zahlreichen Klöstern die Vielheit widerstreitender Königreiche zu einer höheren Einheit verband.

c) **Das Hervortreten von Wessex (800—980).** Für den aus der späteren Zeit auf die Anfänge der englischen Geschichte Zurückblickenden liegen die wichtigsten Wurzeln der politischen Geschichte nicht in Northumbrien, nicht in Mercien und der Zeit nach nicht in dem wüsten 8. Jh., vielmehr beginnt ein gradliniger Verlauf erst im 9. Jh. im Teilreich Wessex, dem naturgegebenen Brückenkopf fränkischer Kultur.

König Egbert (802—839) faßte als erster alle Teilreiche zusammen; er unterwarf Cornwall, Sussex und Kent und dehnte seine unmittelbare Herrschaft auch über das Gebiet des Nordufers der Themsemündung aus. In Ostangeln, Mercia und Northumbria erzwang er seine Anerkennung als erster König von „England". Bezeichnend ist, daß er vorher 13 Jahre am Hofe Karls des Großen geweilt hatte. Seine Gründung fiel bald nach seinem Tode wieder auseinander, und nicht er gilt als Schutzpatron der Könige von England, sondern ein König Edmund von einem der wieder selbständig gewordenen Teilreiche. Erst 100 Jahre später zwangen Eduard I. und Aethelstan (901—925—940) Mercia, Northumbria und Cornwall wieder in den größeren Staatsverband, der von rund 950 an, noch ohne Wales, bis zur Clyde-Forth-Linie reichte. Die Entstehung des Königreiches England fällt also in dieselbe Zeit wie die des deutschen Reiches durch die Sachsenherzöge Heinrich und Otto.

Das ist nur ein Einzelfall aus der allgemeinen engen Verflochtenheit Englands mit der Welt der romanisch-germanischen, christlichen Kultur. Im Jahre 855 sehen wir z. B. König Aethelwulf gelegentlich einer Romfahrt die Verpflichtung zum Peterspfennig eingehen, der 200 Jahre später in allen skandinavisch-baltischen Ländern Schule gemacht hat (jährlich am Peterstage von jedem Hauswesen einen Penny). — Charak-

Karl d. Kahle — Egbert 802—839 Kg. v. Wessex

Osberga ∞ Aethelwulf 839—858

Ethelred I. 858—871 — Alfred 871—901

Eduard I. 901—925

Aethelstan 925—940 — Edmund 940—946 — Edred 946—955 — Gisela ∞ Rollo Hzg. d. Normandie 912—931

Wilhelm I. 931—942

Richard I. 942—996

Edwig 955—959 — Edgar 959—975

Eduard II. 975—978 — Aethelred II. 978—1016 ∞ Emma* — Richard II. 996—1026

Edmund † 1017 — Eduard III. 1041—1066 (s. u.) — Richard III. 1026—1028 — Robert der Teufel 1028—1035

Eduard † 1057 — Edgar — Wilhelm II. 1035; 1066—1087

Emma* ∞ 2) Knut von Dänemark 1014; 1017—1035

Tochter ∞ Heinrich III. Deutscher Kaiser (1039—1056) — Harold † 1039 — Harthaknut 1035—1041

Godwin, Graf von Wessex, † 1053

Eduard III. ∞ Editha — Harold — Tostig † 1066 bei Hastings

teristisch ist die Gestalt des Königs Alfred (871 bis 901). Sohn des erwähnten Aethelwulf und einer Tochter Karls des Kahlen, also einer Fränkin, sah er schon als Knabe gelegentlich zweier Italienreisen Rom, von wo er ein starkes Interesse für kirchliche, theologische und andere gelehrte Fragen mit heimbrachte. Als Mann lernte er Latein, betrieb als eine besonders wichtige Aufgabe die geistige Hebung des Klerus und umgab sich mit einem Stabe von Gelehrten. Durch seine Übersetzungen römischer Literatur und durch seine Gesetzessammlungen, die er mit biblischen Elementen bereicherte, ist er für uns zum Hauptvertreter der angelsächsischen Prosa geworden.

Der ein Jahrhundert später wirkende Erzbischof Dunstan (959—988) arbeitete bewußt auf friedliche Verschmelzung von Briten, Angelsachsen und Dänen hin; er bürgerte die Benediktiner-Klosterregel in England ein.

d) **Die Fremdherrschaft** (1000—1070). Das Schifflein Christi und die Arche Noä — beide Bilder werden in der biblisch orientierten Geschichtsschreibung der Zeit für den Gesamtbereich der christlich-romanisch-germanischen Kultur, zu der, wie gezeigt, England nun durchaus gehörte, gebraucht — schwamm während des 9. und 10. Jh. auf gefährlich hochgehenden Wellen. Fast gleichzeitig griffen bald nach 800 von Süden die Sarazenen an und von Norden die Normannen. Von 860 an begannen im Osten die verheerenden Raubzüge der Magyaren.

1. Für England hatte die Zeit der „Dänen“-Kämpfe eine Dauer von 200 Jahren; seit 836 waren alle Könige von Wessex in Verteidigungskriegen gegen die „Dänen“ gezogen und mit ihnen manche anderen Könige. 866 faßten die Eindringlinge festen Fuß in Northumbria, und 878 mußte König Alfred ihnen im Vertrag von Wedmore Ostangeln, Mercien und Northumbria überlassen; umgekehrt sicherten sie Anerkennung der Oberhoheit von Wessex und Annahme des Christentums zu. Trotzdem rissen die Kämpfe mit Dänen im 10. Jh. kaum ab.

Die Ursachen für die Wanderfahrt der Nordmänner, die ja gleichzeitig auch Osteuropa heimsuchten und allen nördlichen und westlichen Küsten des Kontinents gefährlich wurden, müssen sehr mannigfacher Natur gewesen sein. Heimische Triebkräfte (Übervölkerung) allein reichen zur Erklärung nicht aus. Wesentlich scheinen Nachrichten über schlecht beschützten Reichtum, wie im zerfallenden Karolingerreich so in den Klöstern Englands, als Anziehungskräfte gewirkt zu haben. Möglich auch, daß wir es mit einer Reaktion des Heidentums gegen das besonders durch Karl den Großen gewaltsam ausgebreitete Christentum zu tun haben.

Die Bedeutung des Auftretens der Nordmänner für die Geschichte Englands kann nicht hoch genug veranschlagt werden. Die „Dänen" haben das germanische Element wesentlich verstärkt. Sie gaben dem späteren Volkscharakter den Einschuß des Hanges zur Seefahrt und zum ausgedehnten Handel. Sie haben auch, im Unterschied zu den Angelsachsen, bewußt Städtegründungen betrieben (Endung by). Indem sie seit 866 beritten gegen die Angelsachsen vorgingen, zwangen sie ihnen seit König Alfred die gleiche Methode auf (vgl. Sachsenherzog Heinrich im Kampf mit den Ungarn). Durch die neue Wehrverfassung aber ergaben sich Umbildungen in der wirtschaftlichen, sozialen und politischen Struktur des Lebens, die nun die Entwicklung des Feudalismus noch in der angelsächsischen Zeit heraufführten.

Die Kirche löste den einzelnen aus seinem Blutsverband und bildete eine neue Gesellschaft, die materiell auf Bodenbesitz angewiesen war (Bischof, Kloster). Sie war im Besitz einer Organisation römisch-rechtlicher Herkunft. So bedeutete jede Landübertragung an die Kirche eine Lockerung der persönlichen Zusammengehörigkeits- und Rechtsverhältnisse der Bewohner. — Zugleich wirkte die Kirche in der Richtung einer Hebung des Königs zu höherer Macht. Alleinige Trägerin einer gewissen Gelehrtenbildung, empfahl sie ihre höheren

Beamten den Königen von selbst als Berater; sie veranlaßte die schriftliche Festlegung der Gesetze, sie hob den König im öffentlichen Ansehen durch die Zeremonie der kirchlichen Weihe, sie verband mit dem Vertrauen, das in der Wahl durch die Witan zur Geltung kam, als neues Moment die religiöse Würde alttestamentlich-orientalischen Ursprungs.

Gleichzeitig steigerten die Dänenkämpfe die Bedeutung des Königtums. Die notwendige Zusammenfassung der Kräfte erzwang den Übergang zum Einheitsstaat, der unter Edgar von Wessex (959—975) sich endgültig durchsetzte.

Außer der Kirche und der Hebung des Königtums führten zwei gleichfalls durch die Dänenkämpfe erzwungene Maßnahmen zu der Umgestaltung des Staatsgefüges: die Schaffung einer Kavallerie durch Alfred und die Einführung der Dänensteuer durch Aethelred II. Letztere bedingte eine Abschätzung der geldlichen Leistungsfähigkeit, die aus steuertechnischen Gründen nach Hufenverbänden, nicht nach Marktgenossenschaften oder nach Hundertschaften vorgenommen wurde. Wie die Bischöfe, so zogen in den Grafschaften die Earls, in kleineren Wirtschaftseinheiten die Thans die Steuern ein, von deren Ertrag ein Teil ihnen selbst zustand. So entwickelten sich Verwaltungsbezirke, deren Umgrenzung verschärft wurde durch Übertragung der Rechtsprechung an den Großgrundbesitz. Das war das Ende der alten Genossenschaftsverbände persönlichen Charakters, an deren Stelle gegen Ende des 10. Jh. vielmehr als provinzielle Sondergebiete große Latifundien unter Earls und umfangreiche Gutsherrschaften unter Thans vorhanden waren.

Unter diesen Umständen wurde auch aus den Witan etwas anderes. Die Witenagemot bestand zu dieser Zeit aus königlichen Beamten: 2 Erzbischöfe und etwa 7 Bischöfe, 5—7 Earldomen der Grafschaften und etwa 15 Königsthans bildeten also den verhältnismäßig kleinen Kreis, der in Fragen der Gesetzgebung, Besteuerung und Rechtsprechung den König beraten sollte.

Trotz dieser Umwandlungen konnte sich das englische Königtum der Dänen nicht erwehren. Der Schlag vom 13. Nov. 1002 zog König Sven von Dänemark (1013—1014) ins Land; 15 Jahre hartnäckiger Kämpfe endeten mit der politischen Zusammenfassung des ganzen Königreiches unter Knut (1017—1035). Knut verfolgte durch strenge Gesetzlichkeit, Ordnung und Ruhe eine unverkennbare Politik der Aussöhnung: er nahm das Christentum als Landesreligion an, besuchte den Papst in Rom, wo er die Verpflichtung zum Peterpfennig erneuerte, ja, er heiratete Emma, Aethelreds Witwe; diese normannische Fürstin gebar ihm den einzigen legitimen Erben Harthaknut. Seine Tochter ward mit Heinrich III. von Deutschland vermählt, mit dessen Vater, König Konrad II., Knut gelegentlich seiner Kaiserkrönung 1027 in Rom zusammengetroffen war. Dort ließ sich Knut ein Versprechen der Waffenhilfe gegen Polen durch Abtretung des Landes zwischen Eider und Schlei bezahlen; auch Pommern und Ermland bezog er in sein Reich ein, dem er 1028 sogar Norwegen hinzufügte. So wurde England zum ersten Male in einen weitreichenden politischen Zusammenhang eingefügt. Aber das dauerte nicht lange. Nach 18jähriger Regierung starb Knut. Der wieder ausbrechende Kampf zwischen den Dänen und einem Sproß des alten angelsächsischen Hauses beweist, daß die nationalen Gegensätze noch weit von Ausgeglichenheit entfernt waren. Mit Harthaknuts Tod (1041) hörte die politische Verbindung Englands nach Osten endgültig auf; sie hat knapp ein Vierteljahrhundert gedauert (1017—41).

2. Die Normannen. Eduard III. (1041—66), den die Angelsachsen aus der Normandie riefen, dem Blute nach durch seine Mutter Emma ein Halbnormanne, zeigte sich auch in seinem Wesen durchaus als solcher. Der Kirche eifrig ergeben, die ihn als „den Bekenner" 1161 heilig sprach, zog er in immer größerem Umfang

Personen seiner Umgebung aus dem 25jährigen Aufenthalt in der Normandie in hohe Beamtenstellen. Die nationale Opposition gegen die Überfremdung sammelte sich um den Grafen Godwin, der, schon zu Knuts Zeiten in hoher Stellung, seit 1042 vollends in die durch Eduards Unfähigkeit entstandene Lücke getreten war. Gegen die Nation rief der unfähige König die Familienverwandtschaft vom Ausland zu Hilfe. Seines Vetters, des Normannenherzogs Robert Sohn, Herzog Wilhelm (seit 1035) kam und fand sich am Hofe in fast rein normannischer Umgebung (1051). Aber es gab keine praktische Arbeit; der Führer der angelsächsischen Partei, Godwin, war außer Landes gegangen und kehrte erst nach des Normannen Abfahrt (1052) zurück, von nun an mächtiger als zuvor. So konnte er seine Hausmeierstellung auf seinen Sohn Harold vererben (1053 bis 1066). Tatsächlich übertrug nach Eduards Tod der angelsächsische Großgrundbesitz dem Hausmeier die Krone. — Jedoch war da noch ein Sohn des 1017 gefallenen Edmund, Edgar, der vom Ausland herbeieilte und ebenfalls seinen Anhang fand. Dazu kam, daß sich mit dem neuen König sein eigener Bruder, Tostig, überwarf, als er in Northumbria ein Teilreich zu errichten suchte, aber nach Flandern fliehen mußte.

Die Wirren luden zu weiteren Unternehmungen ein: Herzog Wilhelm von der Normandie hatte 1059 sein Herzogtum durch einen Sieg über König Heinrich I. von Frankreich um Maine und Bretagne erweitert und bereitete nun seinen Zug nach England sorgfältig vor. Durch die Behauptung, von Eduard zum Nachfolger bestimmt zu sein, durch die weitere Behauptung, daß Harold ein Eidbrecher sei, da er ihm früher die Anerkennung der Thronfolge zugeschworen habe, durch das Versprechen an Papst Alexander II., England von Gott und dem heil. Petrus zu Lehen zu nehmen und den Peterspfennig zu zahlen, schuf er eine sich günstige Weltmeinung. Mit päpstlichem Segen, mit einer in Rom geweihten Fahne und mit Reliquien aus Rom, sowie mit einem Heere von Rittern landete er bei Hastings und schlug das angelsächsische Heer (14. Okt. 1066). Zu Weihnachten ließ er sich durch den Erzbischof krönen. So erhielt die Okkupation auch die kirchliche Weihe. Trotzdem hat das Angelsachsentum auch diesen Kampf gegen den Romanismus — der andere ist derjenige der Sachsen gegen Karl d. Großen — noch nicht aufgegeben; noch einmal trat der Norden Englands als eigene Größe in die Erscheinung: von Northumbria aus wurden Dänen und Schotten gegen die Normannen zu Hilfe gerufen; erst nach deren Überwindung im Jahre 1071 war Wilhelms Eroberung feststehende Tatsache.

B. Das Zeitalter der werdenden Geldwirtschaft

II. Der Weg zum Ständestaat (1071—1216)

1. Die Gesellschaft

Um 1070 hatte England einschließlich Wales etwa 1,5 Mill. Einwohner; die Bevölkerung Schottlands wird auf 350 000, diejenige Irlands auf nur 100 000 Köpfe geschätzt.

Die normannische Eroberung unterscheidet sich von der dänischen und angelsächsischen dadurch, daß nicht ein Volk Platz griff, sondern eine aus einem Nachbarstaate eingebrochene Herrenschicht (vgl. den süditalienischen Normannenstaat seit 1059). Sie bedeutete wie auf allen anderen so auch auf dem Gebiete der gesellschaftlichen Verhältnisse keinen Bruch mit der Vergangenheit, wohl aber eine Vereinfachung. Die einschneidendste Erscheinung war das Schwinden der Sklaverei; bei zunehmender Ausweitung der Landkultur erwies es sich für die Grundherren als vorteilhafter, statt Sklaven Hörige (bordarii) zu haben. Alles vom Gemeinfreien der Dänenzeit an (villanus) glitt unter dem Sammelnamen villains in die Masse der Unfreien ab. Die

Gruppe der Freien gliederte sich in vier Schichten: 1. Grafen. Wilhelm teilte das Reich in 34 Grafschaften; mit den früheren Stammesverbänden hatten sie nichts mehr zu tun, sie waren Verwaltungsbezirke, die Grafen (sheriffs) königliche Beamte. 2. Ritter oder Barone. Einen scharf abgegrenzten Rechtsstand bildeten sie nicht; neben den angelsächsischen Thanen rangierten auch die 600 direkten Vasallen des Königs, seit Heinrich II. in barones majores und minores untergeteilt; ferner die Masse der Aftervasallen. 3. Der Klerus: der hohe Klerus glich den Baronen, der niedere den Unfreien. 4. Der Rest, bestehend auf dem Lande aus Bauern auf freier Erbleihe unter dem Immunitätsgericht der Lords (Graf, Baron, Bischof, Kloster, König) und einem Teil der Städtebewohner. Träger des politischen Lebens waren, ehe die Städte Bedeutung erlangten, nur die Baronie und der hohe Klerus. Der Widerstreit zwischen diesen Großen und dem Königtum macht den wesentlichen Inhalt der innerpolitischen Geschichte der nächsten zwei Jahrhunderte aus.

An die Stelle der alten Witenagemot trat seit Wilhelm I. die curia regis, auch commune consilium baronum genannt. Rechtlich alle unmittelbaren Kronvasallen umfassend, seit 1215 aber auf den Kreis der „Erzbischöfe und Bischöfe Äbte und Grafen, Thane und Ritter" beschränkt, hatte dieser dreimal jährlich mit dem König tagende Lehnshof das Recht der Königswahl und Beratung der aktuellen Regierungsmaßnahmen.

Zwei Neuerscheinungen des gesellschaftlichen Lebens gehören diesem Zeitraum an: die Stadt und das Geld. Beide sind voneinander nicht zu trennen. Zwar hat es „Städte" auch früher gegeben, und den Peterspfennig erhielt die Kirche schon seit dem 9. Jahrh., aber die Entwicklung beider zu wirtschaftlichen und gesellschaftlichen Faktoren mit ausgeprägtem Eigencharakter erfolgte zwischen 1066 und 1270.

Um 1085 gab es etwa 80 „Städte", freilich mit einer Gesamteinwohnerzahl von etwa 150 000. Entstanden

Wilhelm I. der Eroberer
1066—1087
(Normandie, Bretagne)

- **Robert** 1087—1105 (Normandie und Bretagne)
- **Adelhaid** ∞ Graf teph an von **Blois**
  - Stephan 1135—1154
- **Wilhelm II.** 1087—1100 (England)
- **Heinrich I.** 1100—1135, 1105 auch Nordfrankreich
  - Mathilde (1102—1167) ∞ 1) 1114 Heinrich II. († 1125), 2) 1128 Gottfried von **Anjou** und Touraine († 1151)
    - Heinrich II. geb. 1133, 1154—89 ∞ 1152 Eleonore v. Poitou, Guyenne, Gascogne, 1122—1204, 1137—52 verheiratet m. Ludwig VII. Capet.
      - Wilhelm † 1156
      - Heinrich † 1183 ∞ Margarete T. Ludwigs VII. von Frankreich
      - Richard 1157—1189—1199 ∞ Berengaria
      - Gottfried † 1186 ∞ Konstanze von Bretagne
        - Arthur 1184—1203
      - Johann 1166—1199—1216 ∞ 1) Hadwisa Erbin von Glocester ∞ 2) 1200 Isabella von Angoulême
        - Heinrich III. 1207—1216—1272
        - Richard von Cornwallis „deutscher König“ 1257—1272
      - Eleonore ∞ Alfons IX. v. Castilien
      - Johanna ∞ Wilhelm II v. Neapel
      - Mathilde ∞ Heinrich der Löwe

sind sie teils als Sicherheitsplätze, teils im Anschluß an Adelssitze, Klöster und Domkirchen als Marktplätze und Einnahmequelle des Grundherren. Die Lösung von agrarischen Lebensformen geschah langsam, im Zusammenhange mit der Differenzierung der Produktion von Gebrauchsgütern und mit der Entwicklung des Handels und des Geldwesens. Der Berufshandwerker, der Händler, der Bodenspekulant wurden die charakteristischen soziologischen Erscheinungen. London erhielt 1191 von König Johann eine bevorzugte Rechtsstellung, besonders die eigene Wahl des Mayors.

2. Das Königtum

Die Hauptsache: die Träger der Krone waren Ausländer, zuerst (1066—1135) Normannen französischen Bodens, dann Angehörige französischer Grafengeschlechter (1135 — sogar 1377). Die Sprache des Hofes und des höheren Beamtentums war 400 Jahre lang das Französische. Das französische Lehnsherzogtum der Normandie mit seiner Oberhoheit über das Herzogtum Bretagne und die Grafschaft Maine war die ursprüngliche Kraftquelle Wilhelms I. Unter dessen Sohn Robert keine zwei Jahrzehnte (1087—1106) von England getrennt, sind diese drei Gebiete durch das 12. Jahrh. in Personalunion mit der englischen Krone verbunden geblieben. Zwei dynastische Heiraten während dieses Jahrhunderts erweiterten den französischen Familienbesitz außerordentlich: die von 1128 (Mathilde) brachte Anjou und Tours dazu, die von 1152 (Eleonore) Poitou, Guyenne und Gascogne; die Hälfte des französischen Sprachgebiets war fast ein halbes Jahrhundert lang in der Hand der Könige von England vereinigt, nicht zur Freude der englischen Barone und nicht zur Freude der französischen Lehnsherren.

Wilhelm I. gab der Krone eine außerordentlich starke Stellung. Durch Einbehaltung von 3100 Manors für sich und seine nächsten Angehörigen wurde er der größte Grundbesitzer; er meinte sogar, daß im Grunde

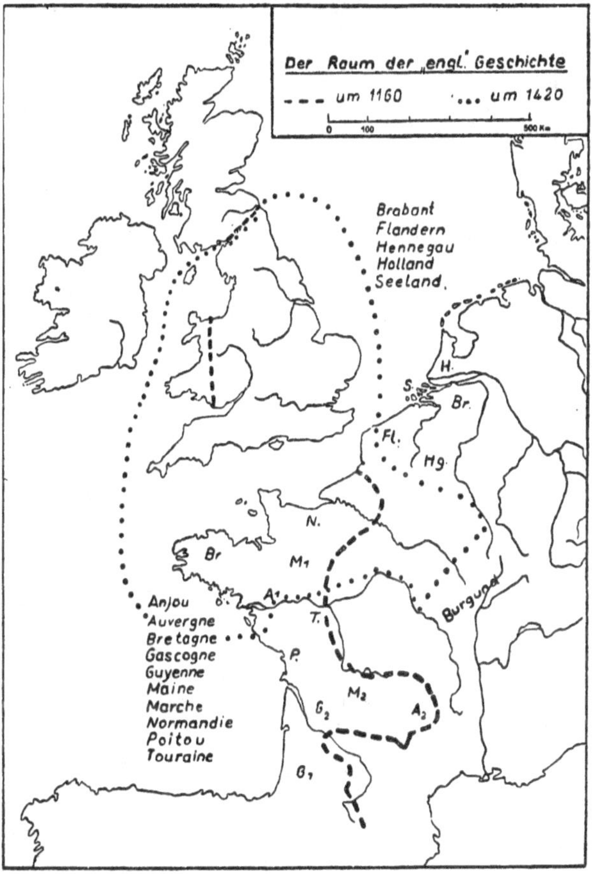

England und Frankreich im Mittelalter

alles Land ihm zustehe. Durch die Katastrierung des gesamten Bodens (1083—86), die im Domesday Book niedergelegt ist, schuf er die Grundlage für ein straffes Steuersystem. 1086 ließ er sich von allen Vasallen des Königslandes, aber auch von den Untervasallen der Grafen und Barone den Lehnseid leisten, band also auch diese direkt an die Krone. So stand ihm ein militärisches Aufgebot von 60 000 Mann zur Verfügung. Er betrachtete sich als die Quelle allen Rechts. Seine Einnahmen setzten sich zusammen aus Zöllen, Marktgeldern, Münzregal, Gerichtsgefällen, Geldbußen und Steuern. Letztere waren entweder Naturalleistungen an den reisenden Hof oder reisende Beamte oder Grundsteuern oder außerordentliche, örtlich verschiedene Abgaben. Das von den angelsächsischen Königen zwischen 1012 u. 1051 als Grundsteuer eingezogene Danegeld wurde als hidagium zu einer ständigen Steuer; dazu kam seit 1086 eine Pflugsteuer (caracagium), seit Heinrich I. eine Schildsteuer (scutagium). Außerdem wurde die Macht der Krone noch gesteigert durch Lösung des Beamtentums vom Boden.

Die nachfolgenden Herrscher haben diese Machtmittel ständig zu steigern getrachtet. Das Beamtentum wurde nach den wüsten Zeiten eines Thronfolgekampfes (1135—53) zwischen zwei französischen Grafen durch Heinrich II. reorganisiert und ausgebaut, seiner Verwurzelung mit der Bevölkerung durch häufige Versetzung vorgebeugt. Die sheriffs hatten in den Grafschaften die kgl. Lehen zu verwalten, Steuern einzuziehen, Recht zu sprechen, Polizeigewalt zu üben, das Heerwesen zu regeln. In der Rechtspflege schuf Heinrich die Geschworenengerichte; die den sheriffs beigeordneten Gemeindevertreter hatten auch in Verwaltungssachen mitzusprechen. Baronenburgen wurden geschleift, Privatfehden verboten; jede vor einem baronalen Lehnsgericht anhängig gemachte Streitsache konnte von jetzt an vor das Königsgericht gezogen werden. Kgl. Reiserichter durchzogen das Land. Im Heerwesen schuf die Wehrordnung von 1181 einen tiefen Einschnitt. Das damals nicht über 6400 Mann hinausgehende Ritteraufgebot entsprach den gesteigerten Bedürfnissen nicht mehr; auch störte die starke Inanspruchnahme der Lehnsleute das Wirtschaftsleben. Daher gab Heinrich den Angelsachsen das von Wilhelm eingezogene Waffenrecht zurück, freilich mit der Verpflichtung zum Antreten in selbstgehaltener Rüstung. So entlastete Heinrich seinen Wehretat auf Kosten der Untertanen; auch bahnte er auf diesem Wege einen gesellschaftlichen Ausgleich zwischen Normannen und Angelsachsen an. In der Befriedigung steigenden Geldbedarfs erhielten seit Heinrich II. die Juden Bedeutung; viele der 1182 in Frankreich ausgewiesenen fanden in England Zuflucht. Als Nichtchristen nach der Theorie vom Wesen des christlichen Staates vom Anspruch auf dessen Rechtsschutz ausgeschlossen, waren sie als Käufer des Rechts eine ergiebige Geldquelle, unterlagen freilich der unbeschränkten Verfügungsgewalt des Königs.

Wir müssen bei dieser ungewöhnlich bedeutenden Herrschergestalt Heinrich II. noch verweilen. Denn in der Geschichte der englischen Beziehungen zu den drei keltischen Gebieten Wales, Irland und Schottland drängen sich die entscheidenden, wenn auch noch keineswegs zu einem Abschluß führenden Ereignisse in dessen Zeit zusammen. Über Wales beanspruchte schon Wilhelm I. die Oberherrschaft, aber Wilhelm II. konnte sich nur schwer räuberischer Einfälle der Kymren erwehren. Heinrich II. lag seit 1157 im Kampf mit den Wallisern und erreichte 1171 eine formale Anerkennung der Lehnsoberherrlichkeit. Die keltischen Stämme Irlands warfen bald nach 1100 die Herrschaft der Dänen ab. Nun machte die Christianisierung rasche Fortschritte, war doch im Kampf gegen die Heiden das römische Christentum Nationalangelegenheit geworden. Auf der Synode zu Drogheda 1152 wurde das in vier Erzbistümer geteilte Land dem römischen Stuhl unterstellt. Politisch zerfiel es in fünf einander befehdende Königreiche, und einer dieser Häuptlinge, Dermond von Leinster, suchte 1167 Schutz bei Heinrich II. Dieser ließ zunächst Barone erobernd vorgehen, unternahm aber nach Beckets Ermordung (S. 34) mit Papst Hadrians IV. Segen den Bußkreuzzug nach Irland (1170—75), dessen Geistlichkeit ihm zufiel. Nach Unterwerfung der Königreiche Leinster und Munster im Südosten schloß er mit dem Oberkönig Roderich im Okt. 75 einen Vertrag: der östliche Teil der Insel kam als Mark unter englische Herrschaft, der „wilde" Westen anerkannte formell die englische Oberhoheit. Die „Mark" wurde als Lehen an Barone ausgegeben, die das Land unter Einführung englischen Rechts wirtschaftlich ausbeuteten. Zu Schottland bestand doppelter Gegensatz: hier Germanen, in wechselseitiger Verschmelzung begriffen, dort Kelten; dazu ein strittiges Grenzland zwischen der Clyde-Forth-Linie und der Solvey-Tweed-Linie. Dieses nahm Heinrich den Schotten. Aber König Wilhelm der Löwe benutzte einen vom französischen Könige Ludwig VII. begünstigten Aufstand der Söhne Heinrichs (1173—75) zu dem Versuch, das Land wiederzugewinnen. In Heinrichs Gewalt geraten, mußte er 1175 Land und Krone von Heinrich zu Lehen nehmen.

3. Die Kirche

Neben Königtum und Baronie stand als dritter wesentlicher Faktor der Entwicklung die Kirche. Grundlegend war schon von der angelsächsischen Zeit her das System der „Eigenkirche": die einzelne Kirche samt ihrem Priester unterstand dem örtlichen Grundherrn (König, Baron, Graf, Erzbischof, Bischof, Kloster); er hatte das Nutzungsrecht auf die Einkünfte und das Präsentationsrecht bei der Stellenbesetzung. Entsprechend behandelten König und curia regis die Gesamtkirche: der Staat verfügte über Errichtung, Verlegung und Aufhebung von Bistümern, deren Abgrenzung „vorwiegend auf das Bedürfnis der Staatsverwaltung zugeschnitten" war. König und Witan trafen „Bestimmungen über das Leben der Mönche und Kanoniker, den Zölibat des Klerus, die

Sonntagsheiligung, die Beobachtung des Fastengebotes, allgemeine Buß- und Bettage u. a. m." (Hatschek 161). Bei solcher Eingliederung der Kirche schon in den angelsächsischen Staat war es ungefährlich, daß die Kirche vor 1066 ein Drittel des Bodens einnahm und besonders in Testaments- und Ehesachen eigene Gerichtsbarkeit besaß.

Mit Wilhelm I. kamen romanische Elemente in das Kirchenwesen. Ihr Träger war Lanfranc. Italiener von Geburt, Jurist dem Studiengange nach, war er von Wilhelm unmittelbar nach dem Siege über die angelsächsische Erhebung zum Erzbischof von Canterbury befördert worden (1071—1089). Zwar führte er mit den pseudoisidorischen Dekretalen das kanonische Recht und die cluniazensisch-gregorinischen Ideen ein, aber als Beamter seines Königs machte er Konzessionen an die gegebenen Verhältnisse. Wilhelm I. lehnte trotz aller Versprechungen 1080 ab, das Reich von Gregor VII. zu Lehen zu nehmen, behielt sich im Gegenteil ein Genehmigungsrecht für alle Beschlüsse kirchlicher Synoden vor. Er entfernte die Kleriker aus den weltlichen Gerichten, befahl kirchliche Gerichtsbarkeit zwar nach kanonischem Recht, aber unter Beisitz weltlicher Vertreter, machte die Appellation an den „Bischof von Rom", also nicht als an einen Vorgesetzten seines Klerus, von der kgl. Genehmigung abhängig und übte die Investitur als unveräußerliches Kronrecht (kanonische Wahl, aber am kgl. Hof; kgl. Bestätigung; Lehnseid an den König; Salbung auf Befehl des Königs; dann erst Investitur mit Ring und Stab durch einen inländischen Vertreter der Kirche). Im niederen Kirchenwesen blieb die Praxis der Eigenkirche unberührt. Übrigens stattete Wilhelm seine Kirche bei der Landverteilung so reich aus, daß sie nun fast die Hälfte der Einkünfte der gesamten Boden-, Vieh- und Bergbauwirtschaft bekam. Wilhelm II. ließ, um die Einkünfte des Erzbistums der Krone nutzbar zu machen, Canterbury vier Jahre lang unbesetzt; dann investierte er nach geleistetem Lehnseid den 60jährigen Piemontesen Anselm (1093—1109) als Nachfolger von Lanfranc. Anselm brach einen Investiturstreit vom Zaune (1097—1107), mußte zweimal außer Landes gehen und leistete schließlich doch den geforderten Lehnseid vor der Investitur, auf die andererseits Heinrich I. verzichtete. Er leistete ihn dem König, obwohl dieser 1105 von Papst Paschalis II. durch Bannung der kgl. Räte und Exkommunikation eidleistender Kleriker aufs schärfste angegriffen worden und durch Anselm selbst vom Auslande her sogar exkommuniziert worden war!

Stephan von Blois erkaufte seine Usurpation mit Verzicht auf den Einfluß der Krone bei Besetzung geistlicher Stellen und mit der Auslieferung des Klerus an reinkirchliche Gerichtsbarkeit.

Um so schärfer drängte Heinrich II. auf Staatshoheit. Die Konstitutionen von Clarendon (1164) sprachen das staatliche Besteuerungsrecht gegenüber dem Klerus aus, ferner das Verbot der Exkommunikation von Kronvasallen, sodann den Vorrang des kgl. Gerichts in gemischten Streitsachen, Aufsicht des kgl. Gerichts über die bischöfliche Gerichtsbarkeit, Bestrafung verurteilter Kleriker nur durch den Staat, endlich die Abhängigkeit der Kleriker vom Staat auch bei ihrem Verkehr mit der Kurie. Die Ablehnung dieser Ansprüche des Staates von seiten des auf kgl. Befehl vom Kathedralkapitel gewählten Erzbischofs Thomas Becket (1162—1170) verursachte den zweiten Investiturstreit (1164—70). Becket ging über die Grenze und exkommunizierte, gestützt auf König Ludwig VII. und Papst Alexander III., der sich 60—65, vor Barbarossa aus Italien geflüchtet, gerade in Frankreich aufhielt, den König. Dieser lenkte ein, nach äußerer Aussöhnung kehrte Becket nach Canterbury zurück, wurde aber am 29. 12. 70 von einigen Höflingen in der Kirche ermordet. Im Rufe der intellektuellen Urheberschaft gab Heinrich zwar die Konstitutionen auf, aber in der Praxis blieb es bei ihren Grundsätzen, weil diese Regelung der eigenkirchlichen Institution und dem Interesse der Grundherren entsprach. Heinrichs irischer Kreuzzug (s. o.), gedacht als Buße, führte im Endergebnis zu einer Machtsteigerung der Krone. Man kann sich dem Eindruck nicht entziehen, daß eine Entwicklung zum monarchischen Absolutismus eingeschlagen war. Wie ist es zur entgegengesetzten Gestaltung des englischen Staates gekommen?

4. Der Streit der Kräfte im XIII. Jahrhundert

Die Antwort ist im Zusammentreffen verschiedener Faktoren zu finden. 1. Die dynastische Verbindung Englands mit den Ländern südlich des Kanals, die ihre Parallele in der Bedeutung Italiens für die deutsche Geschichte der Stauferzeit hat, entfremdete die übrigens durch ihre südfranzösische Mutter Eleonore stark belasteten Kronenträger Richard und Johann den englischen Interessen, deren Wahrung um so mehr auf den bodenständigen Adel überging. Richard hat von den 10 Jahren seines Königtums kaum 6 Monate in England zugebracht (vgl. wenig später den „Staufer" Friedrich II.). 2. Die seit der zweiten Hälfte des 12. Jahrh. in ganz Westeuropa einsetzende Entwicklung der Geldwirtschaft forderte von den Fürsten Umstellungen, denen sie angesichts der Neuheit der Erscheinung nicht gewachsen waren; es ist — nicht nur in England — die Zeit der Kinderkrankheiten der Geldwirtschaft (bei Richard 1189 die große Verfolgung und Ausplünderung der Juden, worin Philipp II. 1182 erfolgreich vorangegangen war; wilder Ämter- und Würdenverkauf; sogar die Veräußerung der Lehnsoberhoheit über Schottland für 10 000 Pfund, alles zur Finanzierung des Kreuzzuges; dann 1194 die Auslösung aus seiner Gefangenschaft bei dem Staufen Heinrich VI. für die enorme Summe von 100 000 Pfund). 3. Die damit verbundene Umstellung im Heerwesen vom naturalwirtschaftlichen Lehns- zum geldwirtschaftlichen Söldnerheer, in der Verwaltung vom naturalwirtschaftlich entlohnten Lehnsmann zum geldwirtschaftlich bezahlten Beamten. 4. Die persönlichen Eigenschaften einerseits der wilden Söhne der Südfranzösin, die zudem einen Beitrag zu dem Thema der feindlichen Brüder lieferten — „Richard hat alles, was er verkaufen konnte, verkauft; Johann alles, was er zu verschwenden hatte, verschwendet" (Brentano I S. 193) —, andererseits des französischen Königs und nominellen Lehnsherren Philipp II. (1180—1223), der von den politisch-diplomatischen Fähigkeiten Heinrichs II. mehr gelernt hatte als dessen eigene Söhne. Und endlich 5. die tatsächliche Ungelöstheit des Verhältnisses zur Kirche in der Investiturfrage.

Im einzelnen sei nur kurz an folgende Vorgänge erinnert: Richard: 1190—92 Kreuzzug, Verfeindung mit Herzog Leopold V. von Österreich und mit Philipp II., der sofort von Akko umkehrt, um zu Hause Richards Abwesenheit zu nutzen. 1192—94 Gefangenschaft bei Heinrich VI., 1193—99 begünstigt zeitweise Philipp die Thronansprüche Johanns und betreibt auch mit den Waffen die Gewinnung der französischen Lehen. Johann: 1199 durch Wahlkapitulation dem Adel verpflichtet, vom Franzosen durch Begünstigung der Anwartschaft des 15jährigen Neffen Arthur bedroht, daher 1203 Arthur als Kriegsgefangener vom Oheim umgebracht. 1205 bis 1213 dritter Investiturstreit: Der König handelte nach Landesrecht, wenn er, die Einmischung des Papstes Innozenz III. (1198—1216) ablehnend, Stephan Langton nicht als Erzbischof anerkannte. Die außerordentliche Belastung mit einem Schildgeld von nie dagewesener Höhe (vor 1190 pro Ritterlehen höchstens 20 sh, dann 2 marcae) hat der Adel hingenommen; aber das päpstliche Interdikt von 1208 und den Ausschluß des Königs aus der Kirche, eine weitere Schildgelderhöhung auf 3 marcae 1213, dann die Unterwerfung Johanns unter den mit Einmarsch der Franzosen drohenden Papst, der nun endlich 1213 die 1066 versprochene Anerkennung der englischen Krone als eines römischen Lehens erreichte, und die Verpflichtung des Königs zu jährlicher Tributzahlung von 1000 Pfund, — das alles war doch zu viel. 1213 weigerte der Adel die Heeresfolge über den Kanal (vgl. Heinrich den Löwen). Bei Bouvines schlug (27. 7. 1214) des Königs Versuch, durch ein anjevinisch-welfisches Bündnis mit Otto IV. die Verbindung Innozenz' III. mit Philipp II. und Friedrich II. zu brechen, fehl. Nach der Entscheidungsschlacht trat Johann im Waffenstillstand von Chinon die Normandie und Bretagne, dazu das Stammland Anjou samt Maine und Touraine an Philipp ab. Der englische Klerus aber entband sich selbst und die weltlichen Standesgenossen des Lehnseides, griff auf die Wahlkapitulation Heinrichs I. vom Jahre 1100 zurück, die hier neue Bedeutung erhielt (s. Lappenberg II S. 213 f.) und vereinbarte mit Johann die 63 Artikel der sog. Magna Charta vom 15. 6. 1215, die aber Johann, auf Innozenz gestützt, nicht einhielt. In dem darüber ausbrechenden offenen Kriege rief die Baronie — zum ersten Male — einen ihr genehmen Träger der Krone vom Auslande herein, des französischen Reichsfeindes 29jährigen Sohn Ludwig; am 2. 6. 1216 wurde Ludwig in London zum König von England gekrönt. Gründlicher konnten Heinrichs II. Söhne das Erbe nicht verwirtschaften.

III. Der Ständestaat des späteren Mittelalters (1216—1485)

1. Die westeuropäische Gesamtlage im XIII. Jahrhundert

Der Zeitabschnitt hebt sich von seiner Umgebung als geschlossene Einheit sowohl hinsichtlich der allgemeinen westeuropäischen Kulturgemeinschaft als auch in besonderen englischen Erscheinungen ab.

Im gesamteuropäischen Kulturbereiche differenzierte sich das Wirtschaftsleben durch Verselbständigung der Geldwirtschaft neben den naturalwirtschaftlichen Lebensformen, das Gesellschaftsleben durch Entwicklung der Stadt und dort einer sich wirtschaftlich und rechtlich vom Boden lösenden bürgerlichen Lebenseinheit, die durch das Zusammenwachsen dreier Gruppen (bodenständiger sog. Patriziat, der zur Geldrente übergeht; Handel; Handwerk) entstand. Die Städte gewannen Anteil am politischen Leben (schon im XII. Jh. in Portugal und Kastilien, in Deutschland 1232, in England 1265 und 1295, in Frankreich 1302). — Auch die bisherige Einheitlichkeit der westeuropäischen Staatenfamilie hinsichtlich ihrer naturalwirtschaftlich begründeten Lehensverfassung differenzierte sich: Deutschland schlug den Weg zur Fürstenrepublik ein; Frankreich und die anderen romanischen Staaten den zum Absolutismus (außer einigen italienischen, die die demokratische Stadtverfassung zur Republik entwickeln); England nahm den Weg zum Konstitutionsstaat. — In der großen Politik hatte sich die christliche Staatenfamilie um den größten Teil der Pyrenäenhalbinsel erweitert, die wechselseitigen Beziehungen der Staaten wurden lebhafter, Krieg und Friedensschluß, Fremdenrecht und gegenseitige Vertretung fingen an, als völkerrechtliche Fragen empfunden zu werden. — Damit differenzierte sich auch das Lebensgefühl ganz außerordentlich. Neben das Bewußtsein vom kirchlich-religiösen Lebenssinne trat ein Gefühl für den Eigenwert der Nation, wie denn auch in dieser Zeit die Nationalsprachen in den Gottesdienst eindrangen und die Bibel ihre lateinische Einsprachigkeit an die Nationalsprachen verlor. — Auch die Natur einschließlich derjenigen des Menschenleibes wurde als positiver Wert sui juris et generis erkannt, und diese Einstellung drang in die kirchliche Kunst ein, schuf aber auch neben ihr eine weltliche. — Die gleiche positive Wertung erfuhr das Geld. — Neue und zuerst ganz fremdartige Werte, aber auch Inhalte traten auf mit der Rezeption der Antike: auf kirchlichem Gebiet wurde die bisherige geistliche Einheitlichkeit differenziert durch den Rückgriff auf die Evangelien als Norm des Lebens („Gesetz Christi"); auf dem Gebiet der Kunst drängte sich eine von aller religiösen Leitung unabhängige Auffassung hervor; in den Wissenschaften kamen die größten Geister einer jahrhundertelangen Geschichte zur Geltung (der echte Aristoteles, Eratosthenes, Hippokrates und Galenus, Archimedes und Herakleitos, schließlich Platon), aber gerade von ihnen lernte man als erkenntnismäßiges Formalprinzip die Absage an die Buchautorität und den Mut zur eigenen Erfahrung und Forschung.

Der Anteil Englands an dieser westeuropäischen Gesamtentwicklung erstreckte sich auf alle Lebensgebiete. Zu berücksichtigen ist, daß die periphere geographische Lage und der Ablauf der Entwicklung in dem uns kaum vorstellbaren engen Rahmen von etwa 2,5 Millionen Menschen (um 1450!) England einerseits zu einem Bereich kontinentaler Ausstrahlung, andererseits zu einem Gebiet selbstschöpferischer Entfaltung machten.

Im Rechtsleben hat eine Rezeption des römischen Rechtes nicht stattgefunden; das kanonische Recht ist durch die bodenständige Entwicklung des Eigenkirchenwesens immer beschränkt worden; aus dem Gedanken der Eigenkirche entwickelte sich jetzt derjenige der Staatskirche. Um so bedeutsamer waren die eigenen Rechtschöpfungen gerade in dieser Periode.

Anteilsgebiet war England hinsichtlich seiner wirtschaftlichen und damit zum Teil auch gesellschaftlichen Entwicklung (Geldwirtschaft neben Naturalwirtschaft, Stadt mit Geschlechtern und Zünften, aber fast ohne Ständekämpfe). Eigengebiet aber war England in der Entwicklung seiner inneren Staatsordnung.

2. Das Königtum

(Stammtafel am Schluß des Bändchens)

„England war ein Gesamtstaat, nicht wie Deutschland eine Anhäufung von Einzelgewalten oder wie Frankreich eine nur durch das Königtum zusammengehaltene Vereinigung von Provinzen" (Lindner). Wenn das der Ertrag der politischen Entwicklung der vorigen Epoche ist und es auch in der neuen bleibt, so ist diese Entwicklung hauptsächlich von zwei Faktoren getragen: dem Königtum und der Ständevertretung.

Die Machtgrundlagen des Königtums waren teils militärischer, teils finanzieller, teils im engeren Sinne rechtlicher Natur. Militärisch: Das Lehensaufgebot des englischen Königs stand auf breiterer Grundlage als das der französischen oder deutschen Könige, sofern das englische Lehensrecht alle Untervasallen unmittelbar an den König selbst band, der also weniger abhängig von der Gutwilligkeit des Adels war als französische oder deutsche Könige. Zu der daher relativ stärkeren militärischen Lehensgefolgschaft trat in England noch die Volksmiliz, die unmittelbar durch die königlichen sheriffs aufgeboten wurde. Dazu kam gerade in der vorliegenden Epoche der Übergang zur Werbung gegen Geld (Söldner), während auch neue Mittel der Kriegstechnik (Explosionsgeschütze, „Bombarden", seit der ersten Hälfte des 14. Jh.) erhöhte Anforderungen an die Finanzkraft des Königs stellten. — Die finanzielle Machtgrundlage des Königtums: unbeschränktes Münzrecht (vgl. dagegen Deutschland, bes. 1356); dazu Zölle, Marktgelder, Gerichtsgefälle und Geldbußen, endlich Steuern. Gerade hier trat eine tiefgreifende Wandlung ein, sofern seit Eduard I. (1272 bis 1307) an die Stelle der Abgaben der Kronvasallen als Hauptsteuerquelle die allgemeine Besteuerung in den Vordergrund trat. (Grund- und Vermögensteuern, seit 1373 regelmäßige Bewilligung der Einfuhrzölle, „Tonnen- und Pfundgeld"; 1381 Kopfsteuer sowie die jeweils von den Ständen ad hoc bewilligten Zuschüsse der Bevölkerung.) Die regulären Einnahmen der Krone, im 14. Jh. durchschnittlich 65 000 Pfund jährlich, reichten bei weitem nicht zur Deckung der Ausgaben. Hier mußten außerordentliche Mittel helfen. Als seit der Austreibung der Juden (1290) das System der Erpressung jüdischer

Gelder endete, als auch der Templerorden kassiert war (1312/13), mußten die an beider Stelle getretenen italienischen Handels- und Kredithäuser herhalten, was dann 1339 zum ersten Staatsbankerott führte. Eduard IV. (1461—83) erfand das System der „Benevolenzen“, d. h. „freiwilliger“ Geschenke, und endlich halfen Güterkonfiskationen, besonders in den Rosenkriegen, Verpfändungen, Verkauf von Privilegien und von Korporationsrechten nach. Die Finanzgebarung der Krone lag also noch zum guten Teil außerhalb der Sphäre des Rechts.

Die im engeren Sinne rechtlichen Machtbefugnisse der Krone: Der König war alleiniger Befehlshaber über die bewaffnete Macht; er allein führte die Außenpolitik. Er allein berief die Beamten, auch die Richter, und setzte sie ab. Die königliche Rechtspflege durch die curia regis, durch die sheriffs und durch die Reiserichter durchbrach die lokale Rechtspflege der Barone und auch die der Kirche überall und unaufhörlich. Nur der König konnte das Parlament zusammensetzen, berufen, vertagen, auflösen; erst durch seine Zustimmung erhielten Parlamentsbeschlüsse Gesetzeskraft, nur er konnte zu ihrer Ausführung Verordnungen erlassen.

3. Das Städtewesen

Die Entwicklung der Ständevertretung ist ohne einen Blick auf die Geschichte des Städtewesens unverständlich.

Von einem Städtewesen kann man für die Zeit vor 1066 bei etwa 80 Städten, deren keine über 7000 Einwohner hatte, nur in sehr bedingter Weise sprechen. Nach der Eroberung durch die Normannen, die wieder den Steinbau nach England brachten, begann eine städtische Entwicklung. Bis dahin den Grafschaften eingegliederte, dem sheriff mit unterstellte Kommunen erwarben durch Kauf Aussonderung aus der Grafschaft und Stadtrechte: eigene Gerichtsbarkeit, finanzielle und polizeiliche Selbstverwaltung und persönliche Freiheit der Bürger. Bauordnungen bewiesen eine beschränkte eigene Gesetzgebung. Die städtische Steuergewalt erstreckte sich auf Wege-,

Brücken-, Lade-, Kran- und Straßenreinigungsgelder. Dazu kam eigene Beamtenwahl und das Recht der Bürger zur Bildung von Korporationen. Indessen war der Haupterwerb im 13. Jh. noch der Handel (hauptsächlich in Wolle), nicht das Handwerk. Doch waren die Zünfte im Laufe des 13. Jh. schon so entwickelt, daß Eduard II., wohl aus steuertechnischen Gründen, befahl, daß jeder Bürger einer Zunft angehören müsse. Im 15. Jh. entwickelten die Städte in ihrem gegenseitigen Verkehr Rechtsformen, die später in den internationalen Verkehr übergegangen sind (Meistbegünstigungsklausel, Retorsion, wechselseitiger Verzicht auf Zollerhebung). Als Träger eines reichen Wirtschaftslebens führte jede Stadt eine jährliche Gesamtsumme an den König ab. Das waren die Gründe, die Simon von Montfort 1265 bewogen, zu den Ständeversammlungen auch Städtevertreter hinzuzuziehen.

4. Das Parlament

Vorwegzunehmen ist hier eine Größe des englischen Staatslebens, die mit dem Parlament und dessen Wurzeln nichts zu tun hat: das perpetuum concilium in der Umgebung des Königs. Dieser Staatsrat trug seit Heinrich III. die Bezeichnung secretum concilium, seit Heinrich IV. privy council. Den Kern dieser, in der Mitgliederzahl nie fest umgrenzten, im vorliegenden Zeitabschnitt bis zu 22 Köpfen fassenden, unmittelbar vom König zusammengesetzten Körperschaft bildeten fünf Amtsträger: Kanzler, Schatzmeister, Geheimsiegelbewahrer, Verwalter des königlichen Hauses, Polizeiminister; hinzu traten, je nach dem Bedürfnis des Königs, Richter, Sekretäre, Barone, Bischöfe. Das war die Wurzel zum modernen königlichen Kabinett. — Ebenfalls außerhalb der Entwicklungsgeschichte des Parlaments stehen die curia regis, der Reichsfinanzhof und die königlichen Gerichtshöfe.

Wohl aber gehört der Vorgeschichte des Parlaments eine andere erlauchte Körperschaft in der Umgebung des

Königs an, das magnum concilium. Es wurde, wie der Staatsrat, vom König aus freiberufenen barones majores, Bischöfen und Beamten gebildet, war aber zunächst, und noch fast durch das ganze 13. Jh., lediglich Gerichtsversammlung, höchste richterliche Instanz des Reiches. Um die Mitte des 13. Jh. tauchte dafür auch der Name curia in parliamento auf. Funktionell verschieden, soziologisch gleicher Struktur wurden Staatsrat und concilium erst seit dem letzten Drittel des 14. Jh. ganz getrennt.

Ein wesentliches Motiv der Fühlungnahme zwischen Krone und Untertanen entstand durch die Notwendigkeit, seitens der Krone von der Bevölkerung Geld zu bekommen. Die Magna Charta band wohl den König in Geldfragen an Bewilligungen, aber noch waren die bewilligenden Subjekte nur die oberen Zehntausend. Immerhin waren schon 1212 aus jeder Grafschaft vier barones minores oder, wie sie nun genannt zu werden anfingen, knights of the shire, geladen, und zwar als Vertreter aller Standesgenossen. Durch die Beschränkung ihrer Zahl auf vier aus jeder Grafschaft (früher hatte der königliche sheriff alle zu den Reichsversammlungen gerufen) erhielt jetzt der Vertretergedanke feste Formen. Die mehr als 70 Ritter vereinigende Versammlung tagte für sich. Ebenso hielten die niederen Kleriker im Abgabenbewilligungsfalle getrennte Konvokationen ab.

Diesem Zusammenhange gehört die Regierungszeit Heinrichs III. an. In den Wirren, die oben am Schluß von II, 4 skizziert wurden, starb König Johann. Gegen den gekrönten französischen Prinzen betrieb ein päpstlicher Legat erfolgreich die Thronfolge des neunjährigen Kindes Heinrich III., das nach der Wahl durch die Großen der Kurie den Lehnseid für England und Irland leistete. Während der elfjährigen Minderjährigkeit rangen Baronie und Kurie um den maßgebenden Einfluß auf die Krone. Ludwig verließ 1217 das Land und wurde 1223 König von Frankreich. Im Gegensatz zu ihm suchte Heinrich, mündig geworden, Rückhalt in den Kreisen der

Vasallen des französischen Königs, besonders seit der Heirat mit Eleonore von der Provence 1236. Daraus entstand ein 17jähriger Krieg (1242—59) mit Ludwig IX.; er stellte an die englischen Kräfte landfremde Anforderungen von unerhörten Ausmaßen. Die Wehrordnung von 1252 brachte die allgemeine Wehrpflicht vom 16. bis zum 60. Lebensjahre und verschmähte in der 5. Bewaffnungsstufe selbst Sense, Dolch und Messer nicht. Als nun gar Papst Alexander IV. 1255 den König durch Aufstellung seines Sohnes Edmund zum Gegenkönig gegen Manfred von Sizilien in die päpstliche Italienpolitik hineinzuziehen suchte — tatsächlich ließ sich ja Heinrichs Bruder Richard in Deutschland als König gegen die staufische Partei aufstellen, — da riß den durch die finanzielle Aussaugung des Landes erbitterten Baronen die Geduld: sie zwangen dem König die Oxforder Provisionen ab (1258): der König wurde ersetzt durch eine 24köpfige Regentschaft, die zur Hälfte der König, zur Hälfte die Großen stellen; die Regentschaft gab dem Staat eine neue Ordnung; sie schaffte zwar das Königtum nicht ab, setzte ihm aber einen ständigen Beirat von 15 Baronen an die Seite; für die Parlamentstagung und in besonderen Fällen wurde dieser Beirat um 12 Köpfe erweitert; die Minister sollten jährlich wechseln und dem Parlament verantwortlich sein (!); zwei baronale Sonderausschüsse wurden für Steuerfragen und für Kirchenreform vorgesehen. Aber Heinrich ließ sich vom Papst aller Eide entbinden und schuf sich durch Friedensschluß mit Ludwig 1259, in dem er auf die Normandie, Anjou, Touraine und Poitou verzichtete, Handlungsfreiheit gegenüber den Baronen. Papst und König wollten die Eigenkirchenrechte der Barone brechen und sich die Kirchenbesteuerung der Grundherren aneignen. Da aber auch Bischöfe und Klöster Grundherren waren, schlossen sie sich mit den Baronen zur konservativen und, soweit die Kurie in Betracht kam, auch zur nationalen Opposition zusammen. Ihr Führer war des Königs Schwager, der Franzose Simon von Montfort. Er berief während des Baronenkrieges

(1260—65), nach der Gefangennahme des Königs in der Schlacht bei Lewes (1264) ein um vier Ritter aus jeder Grafschaft erweitertes Parlament, das das Beamtentum im national-englischen Sinne reorganisierte. Im Parlament von 1265 endlich erweiterte Simon die Basis, indem er statt der vier Ritter zwar nur zwei aus jeder Grafschaft, dafür aber aus jeder Stadt ebenfalls zwei Vertreter hinzuzog. Diese Ausdehnung des Bewilligungsrechtes auf den jüngeren Teil der Communities, die Städte, entsprach dem Wandel in den wirtschaftlichen und gesellschaftlichen Verhältnissen, der sich seit den Kreuzzügen bemerkbar gemacht hatte. So tagten 1264 neben dem magnum concilium der Barone und höheren Geistlichkeit noch drei andere Versammlungen, die des niederen Klerus, die der Grafschaften und die der Städte. Was also in der Hauptstadt beratend zusammentrat, war einerseits das magnum concilium des Adels, andererseits die Zweiheit der communities, die in der ersten Hälfte des 14. Jh. zur Einheit der commons (im Unterschied von den Hochadligen, deren jeder einzelne ein Wirtschaftssubjekt war) zusammenwuchsen. So ist seit der Mitte des 14. Jh. das „Zweikammersystem" entwickelt vorhanden. — Die Zahl der im house of Lords versammelten Adligen schwankte innerhalb unseres Zeitraumes zwischen 23 und höchstens 50; im Haus der Gemeinschaften saßen etwa 74 Grafschafts- und etwas über 100 Städtevertreter.

Verfolgen wir unter Beschränkung auf das Wichtigste die Entwicklung der rechtlichen Funktionen des Parlaments: Im Zusammenhang mit einem Einfall Philipps IV. in die Gascogne berief Eduard I. 1295 das Parlament, das wegen seiner für die Folgezeit vorbildlichen Zusammensetzung (geistliche und weltliche Barone, zwei Ritter aus jeder Grafschaft, zwei Bürger aus jeder city) das Modellparlament heißt. Den König leitete der Grundsatz: „Was alle berührt, soll auch von allen gebilligt werden!". Damit wurden die Befugnisse der Versammlung weit über die bloße

Steuerbewilligung ausgedehnt. Zwei Jahre später, 1297: der König noch auf französischem Boden vor dem Feind, in Schottland die Erhebung unter Wallace; da erzwingt die Ständeversammlung vom Regentschaftsrat 1. die confirmatio chartarum, 2. Bindung aller neuen Zölle und Abgaben an vorherige Zustimmung des Parlaments, 3. Zugeständnisse einer aller Bewilligung voraufgehenden Beseitigung von Mißständen. Es war die Wurzel der Einbeziehung der Gesetzgebung in die Tätigkeit des Parlamentes.

14 Jahre weiter, 1311: die Baronie hatte Eduard II. einen 21köpfigen Regentschaftsrat aufgenötigt. Aber das Parlament, in dem zahlenmäßig die commons überwogen, zog den Adelsrat zur Verantwortung und erwies sich dadurch dem König als ein Mittel, die Macht des Adels zu mindern. Begreiflich, daß 1322 im Zusammenschluß von König und commons beschlossen wird, „daß Angelegenheiten, welche die rechtliche Stellung des Königs und die rechtliche Stellung des Königreiches betreffen, verhandelt und festgesetzt werden sollen im Parlament durch den König und durch einen Rat der Prälaten, Grafen und Barone und der ganzen Volksgemeinschaft des Reiches“ (Hatschek 174). Zu dieser Blankovollmacht des Königtums an das Parlament trat ein weiterer Erlaß: „Da viele Leute durch Minister des Königs bedrückt werden und man für solche Beschwerden ohne gemeinsames (das ist die Hauptsache) Parlament kein Heilmittel finden kann, so verordnen wir, daß der König ein- oder zweimal im Jahre Parlament halte.“

Das Königtum spielte also, um sich des Adels zu erwehren, im Parlament die commons gegen die Baronie aus. Dazu verschob die wirtschaftliche Entwicklung des späten Mittelalters die Bedeutung des Parlaments in Geldbewilligungsfragen stark nach der Seite der commons. Das Kopfzahlverhältnis von Oberhaus und Unterhaus wirkte in derselben Richtung. Die commons zwangen 1371 Eduard III., alle hohen Ämter nach Entfernung der Kleriker nur mit Laien zu besetzen. 1377 wählten sie sich ihren speaker als Vorsitzenden. Als aber Richard II. durch sechs Richter die königliche Macht gegenüber den Ständevertretern zu steigern versuchte, fanden sich Baronie und commons in gemeinsamem Abwehrinteresse. Daher billigte das Parlament die gewaltsame Thronerhebung Heinrichs IV., 1399, dessen Beamtentum, Staatsverwaltung und Außenpolitik es unter Kontrolle nahm. Seitdem ist die schon lange als Erbsache gehandhabte Thronfolge nunmehr in jedem Einzelfalle der Stellungnahme des Parlamentes unterworfen. Später wurde daraus ein Recht des Parlamentes auf Verfügung über die Krone. Nicht weniger folgenschwer wirkt sich der Anspruch der commons von 1407 aus, daß alle Geldbewilligungen zuerst im Unterhaus zu verhandeln seien und daß Parlamentsverhandlungen nicht vor ihrem Abschluß dem König unterbreitet werden dürften.

Daß der Adelskrieg von 1459 ff. die Bedeutung des Unterhauses noch mehr steigerte, sei nur kurz erwähnt.

Die Rolle des Parlaments in diesen ersten Stadien seiner Geschichte erscheint noch bedeutungsvoller, wenn wir das Verhältnis zwischen Staat und Kirche in diesem Zeitabschnitt betrachten.

5. Das Verhältnis zur Kirche

Schon 1246 drohte die Ständevertretung dem Papst, alle der Kirche gemachten Stiftungen aufzuheben, wenn die finanzielle Bedrückung nicht aufhöre. Seit 1258 versuchte die Ständevertretung weiter dahin zu wirken, daß keine weiteren Liegenschaften in kirchlichen Besitz übergingen, und zwar der Steuerfragen wegen. Aus diesen Bestrebungen erging 1279 das statutum de viris religiosis: religiöse Körperschaften sollen liegendes Gut nicht erwerben; geschieht es doch, so verfällt das Gut dem Lehensoberherren.

Auch Eduard I. grenzte die Rechtsgebiete der Kirche ab; so in dem Erlaß von 1285, in welchem die Gegenstände kirchlicher Gerichtsbarkeit eindeutig genannt werden und jeder Übergriff kirchlicher Rechtsfindung der Sistierung durch den Staat verfällt.

Eine besondere Spannung zwischen Staat und Kirche wurde durch das Verbot der Besteuerung der Kirche durch die weltliche Macht hervorgerufen, das Papst Bonifatius VIII. in der Bulle clericis laicos 1296 aussprach. Es hatte die Absonderung des Klerus aus der Ständeversammlung zur Folge, aber an dem Recht der Krone, den Klerus zu National- oder Provinzialkonzilien zu berufen, rüttelte niemand, und der Klerus bewilligte weiter auch in seinen getrennten Konvokationen. Noch ergebnisloser blieb die Ladung des Königs vor das päpstliche Gericht 1299, als Bonifatius sich als Oberlehensherr von Schottland in Eduards schottische Politik einmischen wollte. Als dann Bonifatius ganz generell die Unterordnung der Könige unter den Papst aussprach (1301 Ausculta fili), da war es das Parlament, das dem Papst erklärte, er habe sich nicht in die weltlichen Angelegenheiten der Krone zu mischen, und es selbst werde dem König ein Nachgeben gegenüber den päpstlichen Ansprüchen nicht gestatten, falls er etwa dazu neigen sollte. Folgerichtig sprach das Parlament 1307 dem Papst das Besteuerungsrecht sogar auf Kirchengut ab.

Eine neue Note kam in die Beziehungen zwischen dem englischen Staat und der Kurie, als diese in Avignon sich der französischen Politik dienstbar machte (1309—78) und der englisch-französische Krieg ausbrach (1337). Da war es ein Instrument nationaler Verteidigung, daß König und Parlament 1343 durch das ganz allgemeine Verbot, irgendwelche Willensäußerung des Papstes, die „zum Schaden des Königs oder seines Volkes" dienen könnten, im Reich zu veröffentlichen, jedweden Eingriff in englische Angelegenheiten grundsätzlich abschnitten. Im gleichen Sinne wurde bald danach der päpstliche Nuntius in London, obwohl päpstlicher Beamter und meist Italiener, eidlich vor dem Parlament verpflichtet, nie die Interessen des Königs zugunsten des Papstes zu verletzen. Um dieselbe Zeit hörten auch die von John Lackland seinerzeit übernommenen Lehnszahlungen an die Kurie auf. 1346 wurden alle kirchlichen Besitzungen in Hand von Ausländern konfisziert. Es war die Zeit der polemischen Schriften Ockhams (1330 bis 1349).

Die ganze Stimmung erhielt dann in zwei Verordnungen ihren Ausdruck: 1351 im statute of provisours und 1353 im statute of premunire. Durch jenes wurden alle päpstlichen Anrechte auf reservatio (Stellenbesetzung), provisio (Amtsverleihung) und Pfründevergebung zugunsten der bodenständigen Patronate aufgehoben, wobei auch der Klerus auf Seiten des Staates stand, weil so die Rechte der Kapitel und Klöster gestärkt wurden. Das Gesetz von 1353 verbot jede Appellation nach Rom in Pfründensachen in einer Form, aus der bald das Recht der königlichen Gerichte zur Auslegung päpstlicher Erlasse gefolgert wurde. — Gewiß, zur praktischen Ausführung sind viele dieser Beschlüsse, Erlasse und Gesetze, wie die Charten früherer Zeiten, nicht immer gekommen, aber sie zeigen doch Stimmungen, Tendenzen und sind Äußerungen eines ausgeprägten, nationalen, sich mit dem Königtum eng verbunden wissenden Unabhängigkeitsgefühles der Stände gegenüber der Kirche.

Seit 1374 erhielt diese Einstellung eine neue Belebung durch die von Wiclif angewandte, freilich auch schon vorher den Franziskanern und Wiclifs geistigem Vater Ockham vertraute Methode des Rückgriffs auf das „Gesetz Christi" als eine Norm, nach der die Kirche und obenan die Kurie im buchstäblichen Sinne des Wortes zu „reformieren" sei. Dieser Zuschuß war den Politikern im Parlament und am Hofe, hier besonders dem Regenten Johann von Lancaster (1377 bis 1389) hochwillkommen, aber auch für sie eben nicht mehr als eine weitere Waffe im politischen Kampfe. Als infolge der Erhebung einer Kopfsteuer 1381 der Bauernaufstand ausbrach, schob die durch Bibelübersetzung und Angriffe auf die Abendmahlslehre abgestoßene Geistlichkeit den Aufruhr Wiclifs Lollhardenagitation zu, doch scheiterte ein Versuch, Wiclif zu verurteilen, an dem Unterhaus. Das von Heinrich IV. und dem Parlament beschlossene statutum de comburendo haeretico von 1400 und die tatsächliche Scheiterhaufenexekution jedoch beweist, daß ein anderes Interesse als ein nur politisches nicht vorlag.

Das 15. Jh. hat an der rechtlichen Stellung der Kirche in England und an der grundsätzlichen Haltung von Königtum und Parlament zu der Frage nach dem Verhältnis zwischen Staat und Kirche keine wesentlichen Änderungen gebracht.

6. Der geschichtliche Ablauf

Das gegenseitige Abhängigkeitsverhältnis der Entwicklung der genannten Faktoren mag aus einer Übersicht über den geschichtlichen Verlauf deutlich werden.

1272—1360. Eduards I. Bedeutung beruht darin, daß er, obwohl schon als Kronprinz 1265 bei Evesham Sieger über die baronale Opposition, sich zu den Tendenzen des nationalen Adels positiv bejahend stellte und dadurch die Voraussetzung für den weiteren Gang der inneren Geschichte Englands schuf. König geworden, unterwarf er 1277—82 Wales; es wurde 1284 der englischen Grafschaftsverfassung eingegliedert. Die auf Schottland gerichtete Heiratspolitik Heinrichs III. brachte als neues Thema jahrhunderlange kriegerische Verwickelungen mit dem nördlichen Nachbarstaat. Dort starb der mit der englischen Krone doppelt verschwägerte Mannesstamm 1286 aus; in den Thronstreit der Familien Baliol und Bruce griff Eduard I. ein. John Baliol (1291—96) huldigte ihm, knüpfte aber zur Erlangung völliger Unabhängigkeit mit Philipp IV. von Frankreich an, der in Gascogne Lehnsherr Eduards war. Daher 1295 der Kriegszug des in zweiter Ehe mit Philipps Schwester Verheirateten nach Frankreich zur Verteidigung des südfranzösischen Besitzes. — Die schottisch-französische Verbindung ist durch volle 300 Jahre ein

Balduin von Flandern † 1205

Florenz IV. von **Holland** † 1234

Margarete † 1279 ∞ 1) 1222 Burckhardt von Avesnes
2) Wilhelm von Dampierre

Wilhelm II. Graf von Holland 1234—56

Adelhaid ∞ 1) Johann I. von Hennegau † 1257

2) Guido von Dampierre Graf von Namur 1279—1305

Florenz V. Graf von Holland, Seeland, Friesland 1256—96

Johann II. von Avesnes-Hennegau 1279 Graf von Hennegau 1299—1304 Graf von Holland

Robert III. ∞ Jolanthe von Nevers

Philipp V. von **Frankreich**

Ludwig I. † 1322

Johann I. 1296—99

Wilhelm III. d. Gute 1304—37

Ludwig II. von Nevers 1322—46 (bei Crécy) ∞ Margarete von Artois † 1382

Eduard III. von **England** ∞ Philippa

Wilhelm IV. 1337—45

Margarete ∞ Kaiser Ludwig d. Bayer † 1347

Ludwig III. 1346—1384

Wilhelm V.

Margarete 1366 ∞ Philipp der Kübne von **Burgund** 1363—1404

bestimmender Faktor der englischen Außenpolitik geblieben. Als Eduard nach Baliols Gefangennahme frei über den schottischen Thron verfügen wollte, erhob Papst Bonifatius VIII. 1298 gleichfalls Anspruch auf Lehnsoberherrlichkeit; so gesellte sich die schottische Frage zu den vielen anderen Gesichtspunkten, die im 13. und 14. Jahrh. Papsttum und französische Krone zusammengeführt haben. In ihr liegt auch eine Wurzel zum sog. 100jährigen Krieg. Bedeutendes und Grundlegendes hat Eduard I. als Gesetzgeber geleistet, wie vor ihm Wilhelm I. und Heinrich II., nach ihm Wilhelm III.

In Eduards II. 20jähriger Regierung hingegen schien alles aus den Fugen zu gehen. Der eigenwillige König kam mit den Baronen nicht zurecht. Als er ihrem Regentschaftsrat widerstrebte, verbanden sie sich mit den Schotten unter Robert Bruce. Dessen Sieg über Eduard II. bei Bannockburn 1314 begründete Schottlands Unabhängigkeit für lange und verschaffte in England der Versammlung der commons um so höhere Bedeutung. Schließlich suchte die französische Gattin das Regiment an sich zu reißen und fand die Zustimmung des Parlaments zur Absetzung des Königs, als der Thronerbe erst 15 Jahre alt war. Ihre dreijährige Regentschaft endete 1330 mit dem Sturz durch den Sohn.

Mit der schottischen verwickelte sich die flandrische Frage. Im Mündungsgebiet von Schelde, Maas und Rhein hatte sich eine Kleinstaatenwelt entwickelt, die aber, infolge der Entfaltung einer blühenden Textilindustrie, große wirtschaftliche Bedeutung besaß. Politisch war sie bestimmt durch einen alten Gegensatz zwischen der Grafschaft Holland und der Grafschaft Flandern. Philipp IV. von Frankreich (1285—1314) hatte Flandern überfallen und besetzt (1300). Aber 1302 waren in jähem Ausbruch mehrere tausend Franzosen in Flandern erschlagen worden, ein französisches Ritterheer von den wehrhaften Zünften vernichtet. Dann hatten die Flamen unter Graf Guido von Dampierre auch Holland und Seeland erobert, es aber vor den Abwehrkräften des Grafen Johann von Hennegau, Holland, Seeland und Friesland 1304 wieder räumen müssen. Dessen Sohn Wilhelm III. (1304—37) war also geschworener Gegner der flandrischen Grafen, und da diese sich an die französische Krone lehnten (Graf Ludwig II. ehelichte Philipps V. Tochter Margarete), so war für den Holländer der Anschluß an England gegeben (Eduard III. ehelichte Philippa, die eine Tochter Wilhelms III.; die andere Tochter wurde die Frau Kaiser Ludwigs des Bayern). Aber die Neigungen des flandrischen Grafen nach Frankreich widersprachen den Wirtschaftsinteressen der Bevölkerung, die mit ihrem Textilgewerbe auf England als die Bezugsquelle der besten Wolle angewiesen war. So vertrieben die Bürger den Grafen Ludwig aus Brügge, konnten aber nicht hindern, daß Philipp VI. ihn dort mit Waffenmacht restituierte (1328).

In diesem Jahre 1328 war die kapetingische Dynastie in Frankreich ausgestorben. Unwidersprochen war der Vetter des letzten Kapetingers, Philipp VI., gefolgt, und die Regentschaft von England hatte für Eduard III., der erst 16 Jahre alt war, den Lehnseid für Guyenne geleistet, wie sie auch im gleichen Jahre Robert Bruce als König von Schottland anerkannte und die 7jährige Schwester Eduards mit dem 4jährigen Thronfolger von Schottland David verband.

Indessen Eduard III., kaum mündig geworden (1330), begünstigte gegen David vielmehr Eduard Baliol. Der schlug den schottischen Regenten 1333 bei Halidon Hill, und das königliche Kind wurde zu Philipp VI. nach Frankreich gebracht. So spitzte sich über Schottland der Konflikt zu.

Das Einrücken französischer Truppen in Flandern beantwortete Eduard III. mit dem Verbot der Ausfuhr englischer Wolle dorthin und der Einfuhr flandrischen Tuches von dort.

Philipps Antwort war 1337 der Einfall in die Gascogne; damit begann der sog. 100jährige Krieg

(1337—1453). Es ist nicht der erste: der 1259 abgeschlossene hatte im Grunde schon 1154 begonnen; es ist nicht der letzte: das ganze 18. Jahrhundert zwischen 1688 und 1815 ist von einem solchen Gegensatze beherrscht.

Aber ein eigenes Gepräge erhielt dieser „100jährige" durch die Verflechtung des Papsttums in ihn. Bei Kriegsausbruch residierte es als Bundes- und Geschäftsgenosse der französischen Könige in Avignon (1309—77), bei der Spaltung von 1378 fand der „französische" Papst Clemens (VII.) Anerkennung in Frankreich, Neapel, Savoyen, Spanien und Schottland, sein „römischer" Gegner Urban VI. in England und dem größeren Teile Deutschlands. 1324 hatte Papst Johann XXII. den Kaiser Ludwig gebannt und „abgesetzt"; jetzt, 1338, suchte Eduard III., nachdem er, von der öffentlichen Meinung gestützt, in Antwerpen gelandet war, den Schwager in Koblenz auf und ließ sich von ihm zum Reichsvikar für die Niederlande ernennen. Erst 1340 hat er durch Annahme des französischen Königstitels Anspruch auch auf die Thronfolge in Frankreich erhoben.

Da Kaiser Ludwig sich in konsequenter Hausmachtpolitik nicht beirren ließ, blieb die Auseinandersetzung der Dynastien Valois und Plantagenet auf Frankreich, England, die Niederlande und Schottland beschränkt; vorübergehend wurde Kastilien in sie verwickelt (1368). Sie war im ersten Stadium, bis zum Frieden von Bretigny (1360), überwiegend ein Ritterkrieg. Während dieser ersten 23 Jahre ist im ganzen nur etwa 7 Jahre tatsächlich gekämpft worden. Aber die Kostspieligkeit brachte den König in steigende Abhängigkeit von der Ständevertretung, die gerade im Zusammenhang damit die späteren Formen ihrer Organisation und Verhandlungspraxis entwickelte. Im Bretignyfrieden verzichtete Eduard auf Frankreichs Krone, Johann auf Gascogne.

1360—1420. Die 60 Jahre bis zum Frieden von Troyes brachten in der Außenpolitik keine Änderung:

Krieg nach Süden und Norden wie bisher. Aber das Königtum erhielt andere Züge, und der Charakter der Kämpfe in Frankreich änderte sich.

Die Spätzeit Eduards III. war mit dem Ringen von Hofparteien gefüllt. Hiermit beschäftigte sich das „gute Parlament" 1376, in welchem die vereinigten Grafschafts- und Städtevertreter als commons räumlich von den Lords getrennt tagten. Dem 65jährigen König folgte ein 11jähriger Knabe, Richard II.; angesichts der Uneinigkeit im vielköpfigen Regentschaftsrat (77—89) verlagerte sich der Schwerpunkt von der Krone zum Parlament. Aber auch dieses geriet in Schwierigkeiten, obwohl es die theologischen Arbeiten Wiclifs (Kirchenprozeß seit 1377, gest. 1384) national auszuwerten suchte. Der durch die Kriegskosten erzwungene Parlamentsbeschluß allgemeiner Kopfsteuer rief 1381 einen ernsten Bauernaufstand hervor, in London einen wilden, blutigen Tumult der Eingesessenen gegen die von Eduard III. eingebürgerten flandrischen Tuchmacher. Der 1389 mündig gewordene König suchte das Parlament zur Seite zu schieben. Vor seinem geldhungrigen Willkürregiment flohen viele über den Kanal, unter ihnen auch der junge Herzog Heinrich von Hereford. 22jährig zurückkehrend, fand er großen Anhang, zwang Richard zur Abdankung, für die er die gern gegebene Zustimmung des Parlaments erhielt, und stellte sich nun ganz auf dieses ein. Während seiner von ununterbrochenen Kriegen und Unruhen ausgefüllten Regierung entwickelte sich die Aufsicht des Parlaments über die Minister und anderen Beamten des Königs, über seine Politik, über seine Verwaltung. Auch Heinrich V. ordnete sich dem Parlament unter.

Dieses Zusammengehen des Königs mit der Ständevertretung war wesentliche Voraussetzung für die Wendung des Krieges. Eine andere lag in der Abwendung des Papsttums von französischer und in seiner Umstellung auf italienische Territorialpolitik (1378 Spaltung des Papsttums). Übrigens nahm der 1369 wieder ausgebrochene Krieg beiderseits einen neuen Charakter an: von einer Dynastie- und Ritterangelegenheit weitete er sich zur Volkssache aus; daher zogen sich im Unterschied zum ersten Stadium die Kampfhandlungen zusammenhängend über viele Jahre hin. Schließlich führte diese kriegerisch glanzvollste Zeit des englischen Mittelalters 1420 zum Frieden von Troyes: Heinrich V. wurde als König von Frankreich anerkannt und erhielt vom Parlament die Bewilligung von Zöllen, Tonnen- und Pfundgeld auf Lebenszeit. Dem englischen Handel schienen sich weiteste Betätigungsfelder zu öffnen. Über den frühen Tod des erst 35jährigen Königs und den Übergang der Krone auf ein einjähriges Kind führte in den gespannten Verhältnissen die Kraft der im Parlament vertretenen wirtschaftlichen Interessen hinweg: noch nach dem Auftreten der Jungfrau von Orléans (1429 bis 1430) wurde Heinrich VI. 10jährig 1431 in Paris zum König von Frankreich gekrönt.

1435—1485. Zweimal hat in diesem Zeitabschnitt, dem die sog. Rosenkriege (1459—85) angehören, der geldreichste und also im Zeitalter des werdenden Söldnerwesens mächtigste Fürst Westeuropas, Herzog Philipp II. von Burgund (1419—67) entscheidend in die englische Geschichte eingegriffen: 1435 führte er durch seinen Frontwechsel die äußere Entscheidung der englisch-französischen Auseinandersetzung gegen England herbei. Die innere war begründet in dem Mißverhältnis der menschlichen Kräfte (England höchstens 3 Mill. Einwohner gegen etwa 20 Mill. in Frankreich; Fortfall der Hilfsquellen aus französischem Gebiet bei militärischem Verlust französischer Landesteile). Die Bedeutung des langen Ringens nach der politischen Seite: 1. Schottland behielt dank der Verwickelungen der englischen Krone in Frankreich seine Selbständigkeit; 2. Flandern entglitt sowohl den englischen als auch den französischen Kronplänen; 3. die ursprünglich französische Dynastie auf dem englischen Thron verlor bis auf Calais den gesamten früheren Lehnbesitz auf französischem Boden.

Mit dieser Lösung vom Kontinent begann überhaupt erst die äußere Selbständigkeit der englischen Geschichte; die innere hatte schon vorher in der Entwicklung der Ständevertretung zum Parlament angefangen.

Auch die Entscheidung in den Rosenkriegen hat der burgundische Herzog herbeigeführt. Mit der Gattin des geistig beschränkten Heinrich VI., Margarete von Anjou, zog 1445 Günstlingswirtschaft und tolles Intrigenwesen am Hofe ein. Nach der lange erwarteten Geburt des Thronfolgers Eduard (1453) wurde der 33jährige Vater geisteskrank. Um die Regentschaft stritten Johann Bedford (Lancaster, Rote Rose) und Herzog Richard von York, der schon 1435 die Regentschaft für die französische Krone Heinrichs VI. geführt hatte. Hinter den Herzögen teilte sich der Adel auf: die Lancasterpartei kämpfte für die Aufrechterhaltung des Feudalismus, die Yorks stützten sich auf die bürgerlich-kapitalistischen Wirtschaftskreise. Von da spannen sich die Fäden der Yorks nach Burgund, der Lancaster unter Führung Margaretes von Anjou nach Frankreich und Schottland. Des burgundischen Herzogs Hilfe führte Eduard IV. York 1461 zum Thron.

Zehn Jahre schwankte die Entscheidung zwischen den beiden Zweigen der Dynastie Plantagenet. Eduard mußte noch 1469 zu seinem Schwager Herzog Karl dem Kühnen nach Burgund fliehen. Aber mit burgundischen Mitteln reich ausgestattet, siegte er 1471 zweimal; der Lancasterthronerbe fiel in der Schlacht, sein Vater endete im Tower. Die Lancasterfamilie war vernichtet. Wenn trotzdem der Abschluß der Familienkämpfe üblicherweise auf 1485 gelegt wird, so darum, weil Heinrich Tudor, mütterlicherseits ein Lancaster, sich hatte retten können und von der Bretagne aus mit französischer Hilfe gegen Richard III. auftrat als Rächer seiner Schwäger, der erbberechtigten Söhne Eduards IV., die der Usurpator 1483 hatte umbringen lassen. In dieser grauenvollen Selbstzerfleischung einer der Degeneration verfallenen Dynastie ging auch ein Teil des englischen

Adels zugrunde, — eine wesentliche Voraussetzung für die Machtstellung der nachfolgenden Tudorkönige.

7. Zur Geistesgeschichte

England hat der Welt nicht nur jene Staatsverfassung gegeben, deren erste Entwicklungsstadien dem betrachteten Zeitabschnitt angehören. Es hat auch zum Geistesleben der Menschheit viel zu bedeutende Beiträge schon in dieser Zeit geliefert, als daß man davon ganz schweigen könnte.

Dem frühen 13. Jahrh. gehört die Gründung der beiden weltberühmten Universitäten Oxford (1214) und Cambridge (1229) an. Aus dem erstaunlichen Reichtum an geistigen Kapazitäten seien hier wenigstens sieben herausgehoben: Johannes von Salisbury (c. 1115 bis 1180), Beckets Sekretär und zuletzt Bischof von Chartres, verfaßte außer den Biographien Anselms und Beckets die erste große Staatstheorie des Mittelalters. Der Franziskaner Alexander von Hales (c. 1175 bis 1245) führte als erster den ganzen Aristoteles in die Theologie ein. Der gelehrte Bischof Robert Grosseteste (1175—1253) von Lincoln bearbeitete auf Grund umfassendster Kenntnis der griechisch-hellenistischen Literatur fast alle Gebiete naturwissenschaftlicher Erkenntnis, für die er Mathematik und Experiment als einzige Grundlage forderte. Sein und des Albertus Magnus Schüler Roger Bacon (c. 1210—1294) verfaßte im Opus majus auf Grund ausgebreiteter Sprachkenntnis (außer Latein und Griechisch auch Hebräisch, Chaldäisch, Arabisch) ein vollständiges System der Erfahrungswissenschaften. Der Franziskaner Duns Skotus (c. 1266—1308), Lehrer in Oxford und Paris, ein scharfsinniger Kritiker, Gegner des Thomismus, obwohl er mit ihm den Realismus teilte, lehrte an die Willensfreiheit des Menschen glauben und betonte einen Unterschied zwischen rationalem sowie erfahrungsmäßigem Wissen einerseits und einem Glauben, der sich nur auf die der ratio unzugänglichen Sätze der Kirche beziehen könne. Wilhelm von Ockham

(c. 1298—1349), ebenfalls Franziskaner, Lehrer in Oxford, wurde 1324—28 wegen Verdachtes der Ketzerei in Avignon in Untersuchungshaft gehalten, entfloh und fand Unterschlupf bei Kaiser Ludwig dem Bayern. Von München aus schleuderte er seine heftigen Angriffe gegen Papst Johann XXII. in Avignon, so namentlich die Kampfbroschüre „De imperatorum et pontificum potestate", derzufolge der Papst in weltlichen Dingen durchaus der weltlichen Gewalt unterstehe. Ockhams geistesgeschichtliche Bedeutung beruht in der mit modernen Mitteln durchgeführten Erneuerung des Nominalismus, durch die er der Begründer einer ganzen, bis in das 16. Jahrhundert reichenden und den westeuropäischen Kulturkreis durchdringenden Schule wurde, die besonders auf dem Gebiete der Naturwissenschaften Bedeutendes geleistet hat. Sein Zeitgenosse Thomas von Bradwardine (c. 1290—1349), eng verbunden mit Oxford, Beichtvater Eduards III., den er nach Koblenz begleitete, zuletzt Erzbischof von Canterbury, ragte hervor als Theologe, Philosoph und Mathematiker, huldigte dem Augustinismus und war als Verfechter der Prädestinationslehre der wissenschaftliche Gegner des Duns Skotus. Endlich sei auch John Wiclif genannt (1324—84), der Vater einer radikalen Kirchenreformbewegung, die dann auch auf den Kontinent übergegriffen hat. Er gab 1380 dem englischen Volk die Bibel in englischer Sprache, damals eine geradezu revolutionäre Tat.

Wiclifs wenig jüngere Zeitgenossen Geoffray Chaucer (c. 1340—1400) und William Langland (1370 „Visionen von Peter d. Pflüger") führten die altenglische Literatur zu solcher Ausgeprägtheit, daß man in ihr ein Symptom für die Ausweitung des englischen Nationalbewußtseins von dem Adel auf das wohlhabende Bürgertum sehen darf. Zu beachten ist der zeitliche Zusammenfall dieser Verbreiterung des Nationalgefühls mit der Entwicklung des Frühkapitalismus in der zweiten Hälfte des 14. Jahrhunderts.

C. Das Zeitalter des Übergewichts der Geldwirtschaft

IV. Königtum und Parlament im Zeitalter der konfessionellen Kämpfe, der wirtschaftlichen Umbildung und der Anfänge politischer Parteien (1485—1688)

1. Der allgemeine Zeitcharakter

Diese zwei Jahrhunderte heben sich von ihrer Umgebung unverkennbar als Einheit ab. Der geschichtliche Raum wird größer; die westeuropäische Geschichte weitet sich aus, nicht nur nach einer „neuen“ Welt, sondern auch nach den zwei „alten“ Welten in Süd- und Ostasien, die doch für den Westeuropäer so ganz neue Welten waren. Aber selbst die europäische Welt wird größer: nach Unterwerfung der Balkanhalbinsel während des 15. Jahrh. klopften zum ersten Male die Osmanen von Südosten her in Ungarn an die Tore der westeuropäischen Kulturwelt, und im Osten erhob sich das Moskowiterreich, dessen Zar Iwan III. (1482—1505) nach Abschüttelung der Tartarenherrschaft den zum westeuropäischen Kulturkreis gehörenden Litauern Kleinrußland abnahm.

Dazu die wirtschaftliche Entwicklung. Waren bisher die beiden Europa im Süden und Norden begrenzenden Binnenmeere einziger Schauplatz eines räumlich beschränkten Seeverkehrs gewesen, so erhielt die Schiffahrt, sich zunächst an die westeuropäischen Küsten verlagernd, nunmehr erhöhte volkswirtschaftliche Bedeutung und stellte sich auch in den großen Nationen des Westens als ein auf bodenverwurzelter naturalwirtschaftlicher Grundlage unmöglicher, vielmehr die Geldwirtschaft voraussetzender, sie fördernder und von ihr geförderter Erwerbszweig dar.

Damit erhielt auf gesellschaftlichem Gebiet das mit seinen Anfängen in die vorige Periode zurückreichende

Bürgertum erhöhte Bedeutung. Es verselbständigte sich gegenüber dem Adel und wurde in der Ausbreitung der absolutistischen Staatsform von Spanien aus über ganz Westeuropa von den Fürsten gern als Gegengewicht gegen den Adel benutzt, wie es ja schon länger auch mit der hohen Geistlichkeit seine Reibungen gehabt hatte.

Auf dem Boden entwickelter Geldwirtschaft und frühkapitalistischen Reichtums trat zu der fortschreitenden wirtschaftlichen und gesellschaftlichen Differenzierung eine doppelte Revolutionierung des geistigen Lebens. Der schon im vorigen Zeitabschnitt zu beobachtende Rückgriff auf die Antike grub zwei lang verschüttete, ihrem Wesen nach ganz verschiedene Brunnen geistigen Lebens auf, den griechisch-römischen von Homer über Platon und Aristoteles, über Zenon und Epikuros zu Cicero und Seneca, daneben den jüdisch-hellenistischen von „Moses" über Amos und Hiob zu Jesus und Paulus. Humanismus und vom Organisationsgerüst der Kirche getragener Theismus begannen ihr Ringen. Die nach der ganzen Geschichte Europas volkstümlichere theistische Richtung rührte als Katholizismus, Luthertum, Calvinismus und Spiritualismus die Geister ganz ungemein auf. Weniger geräuschvoll wirkte der Humanismus. Durch seine Betonung des Staates als höchsten irdischen Gutes verstärkte er die schon in Gange befindliche nationale Entwicklung, während umgekehrt die religiöse Frage zum ersten Male ein die Völker horizontal aufspaltendes, also internationales Moment in die Entwicklung warf.

Die wirtschaftlichen, politischen, geistigen Verflechtungen der Völker Europas gestalteten sich schon jetzt so außerordentlich eng, daß die Sonderbehandlung der Geschichte eines einzelnen Staates großen Bedenken begegnet. Charakteristisch, daß diesem Zeitabschnitt die Anfänge des „Völker"-Rechts angehören.

Englands Anteil an dem gesamtwesteuropäischen Leben ist groß. Mit Recht ist von jeher der Zusammenhang zwischen Entdeckungen und den Anfängen der englischen Seefahrt betont worden. Im 17. Jahrh. liegen die ersten Gründungen überseeischer Kolonien. Das Königtum erstrebte immer und immer wieder den monarchischen Absolutismus; der wirtschaftliche Schwerpunkt verlagerte sich stärker als bisher in das Bürgertum, verstärkte die Bedeutung des Unterhauses und damit des politischen Lebens überhaupt. Mit diesen widerstreitenden Interessen verflochten sich die geistigen Strömungen: England wurde zum ersten Lande unseres Kulturkreises, in dem das Zusammentreffen aller dieser Kräfte zur Bildung politischer Parteien geführt hat. So entwickelte sich England auf wirtschaftlichem und politischem Gebiete zum Lehrmeister Europas.

2. Die Tudorzeit (XVI. Jahrhundert)

Die Tudordynastie ist in der langen Geschichte Englands die einzige, die in männlicher Linie aus der Inselbevölkerung hervorgegangen ist; sie stammt aber aus Wales.

Heinrich VII. schuf eine für die Nachfolger maßgebende Lebensordnung. Parvenu seiner väterlichen Herkunft nach, als Flüchtling vor Eduard IV. in Frankreich Sammelpunkt zahlreicher Emigranten, Besitzer der Krone durch das Recht der Waffen (Sieg bei Bosworth Aug. 85), ließ er durch ein Richterkollegium, nicht vom Parlament, erklären, der bloße Besitz der Krone entscheide über die Thronfolge gegebenfalls auch ohne Parlament. Dieses, während der Rosenkriege auf der Seite der Yorks, erkannte den König an, obwohl er durch Verschiebung seiner Vermählung mit Elisabeth York hinter die Krönung deutlich zu erkennen gab, daß die zur Versöhnung der Parteien gedachte Heirat keine Legitimation der Thronfolge bedeuten solle. Das Parlament bewilligte dem König Tonnen- und Pfundgeld auf Lebenszeit.

„Ein Fürst, der Ansehn haben will, muß immer bei Gelde sein“, war Heinrichs Ansicht. Dennoch hat er das

Karl VI. König v. Frankreich

1) Heinrich V. 1413—22 ∞ Katharina v. Frankreich ∞ 1422 2) Owen Tudor † 1461

Heinrich VI. 1422—71 ∞ Margarete v. Anjou

Eduard [1453—71]

Edmund Tudor Graf v. Richmond ∞ Margarete Lancaster

Heinrich VII. 1485—1509 1485 ∞ Elisabeth York Tochter Eduards IV.

Arthur 1501 ∞ Katharina v. Aragon geb. 1486, † 1503

Heinrich VIII. 1491—1509—1547
1509 ∞ 1) Katharina v. Aragon bis 1533, geb. 1486, † 1536
1533 ∞ 2) Anna Boleyn (1506—36)
1536 ∞ 3) Johanna Seymour † 1537

(von 1) Maria 1516—53—58 ∞ Philipp II. von Spanien

(von 2) Elisabeth 1533—58 —1603

(von 3) Eduard VI. 1537—1547 —1553

Maria geb. 1498 1514 ∞ 1) Ludwig XII. von Frankreich ∞ 2) Hzg. von Suffolk

Franciska ∞ Henry Grey

Johanna Grey [1538—54]

Margarete 1503 ∞ Jakob IV. Stuart von Schottland 1488—1513

Robert II. 1371—96

Robert III. 1396—1406

Jakob I. 1424—37 ∞ Johanna Bedford

Jakob II. 1437—60

Jakob III. 1460—88

Jakob IV. Stuart von Schottland 1488—1513

Jakob V. geb. 1512 1513/28—1542
1538 ∞ Maria Guise (1515—1560), Schwester v. Franz u. Karl Guise

Maria Stuart [1542-1587] nach Frankreich 1548
1558 ∞ 1) Franz II. von Frankreich † 1560 geb. 1544
1565 ∞ 2) Darnley † 1567
1567 ∞ 3) Bothwell

2) Jakob VI. 1566—1603—1625

Parlament während seiner 24jährigen Regierung nur siebenmal, in den 13 Jahren seit 1496 überhaupt nur einmal berufen. Benevolenzen, Zehnten des Klerus, Heimfälle, eigene geschäftliche Unternehmungen halfen seine hohe Geldbedürftigkeit befriedigen. Dazu noch zwei weitere Quellen: 1. Konfiskationen im Adel, z. B. bei Aufständen der Yorkpartei von 1487 und 1492—97; der als „Sternkammer" berüchtigte außerordentliche kgl. Gerichtshof sorgte durch ein feinmaschiges Netz von Agenten und Spionen für Einnahmen. 2. Die spanische Heirat von 1501, der nach Arthurs Tode die schleunige Verlobung mit Heinrich (VIII.) folgte, brachte eine beträchtliche Mitgift.

Spanien unter Ferdinand, durch Heiraten verbunden mit den Habsburgern und den Tudors, im Besitz der scheinbar unerschöpflichen Edelmetallquellen jenseits des Ozeans, war unstreitig die Vormacht unter den Staaten Westeuropas. Spanische Vermittlung führte eine Bereinigung des englisch-schottischen Verhältnisses herbei, spanischen Einfluß zeigt auch die merkantilistische Wirtschaftspolitik Heinrichs VII. Hierher gehört der Handelsvertrag mit Herzog Philipp von Burgund von 1496 über freie Einfuhr englischer Textilien und der Freibrief von 1497 an den Genuesen Giovanni Caboto, bei dessen Absicht, eine Nordwestdurchfahrt nach China zu finden (Entdeckung der Labradorküste).

Die ruhige und geräuschlose Art des vorsichtigen Vaters ist auf den Sohn nicht übergegangen. Heinrich VIII. umging zwar wie der Vater das Parlament auf dem Verordnungswege, aber seine egozentrische Gewaltsamkeit und Prunksucht, die ihn zum typischen Renaissancefürsten der Zeit machte, brachte in die Innen- wie Außenpolitik ungewöhnliche Unruhe.

An Spaniens Seite beteiligte sich der 20jährige König 1511—13 mit Papst Julius II. und der Republik Venedig an dem als „Heilige Liga" bekannten Unternehmen, Ludwig XII. wieder aus Italien zu verdrängen. Der aber hetzte dem Engländer den Schotten Jakob IV. auf den Hals, und Heinrich konnte von Glück sagen, daß Graf Surrey den Schotten 1513 eine fürchterliche Niederlage beibrachte und daß auf dem Festlande Kaiser Maximilian ihm 1513 die „Sporenschlacht" von Guinegate gewinnen half. Jakobs Tod auf dem Schlachtfeld machte Heinrichs Schwester Margarete zur Regentin von Schottland.

Durch die ungeheure Länderkombination der burgundischen Gebiete mit der spanischen Monarchie (1506 starb der Sohn Marias von Burgund, der zugleich Vater Karls V. war; 1516 Ferdinand von Spanien, dessen Krone durch seine Tochter Johanna auf deren Sohn, denselben Karl überging) sah sich Heinrich wieder auf Frankreich angewiesen: er verkaufte 1514 seine Schwester Maria an Ludwig XII., er verschacherte die Eroberungen aus dem letzten Kriege an Franz I. Durch Versprechung der Krone von Frankreich jedoch zog Karl von Spanien, 1519 auch noch „römischer" König geworden, den Engländer auf seine Seite; seinem Kanzler Thomas Wolsey wurden Aussichten auf die päpstliche Tiara gemacht, und so stand Heinrich 1522—25 in dem großen Ringen der Dynastien Habsburg und Valois doch wieder gegen Frankreich. Erst Karls Machtstellung seit der Schlacht von Pavia zeigte, daß die beiden Engländer mit leeren Versprechungen getäuscht worden waren, und im Frieden von Moor schwenkte Wolsey 1525 zu Franz I. ab. Später, 1542, stand der König noch einmal im Krieg gegen Schottland und 1543—46 wieder im Krieg mit Frankreich.

Hier beginnt die Reihe der großen Berater der Krone. Thomas Wolsey (1471—1530), Thomas Morus (1478—1535), Thomas Cranmer (1489—1556), Thomas Cromwell (c. 1485—1540).

Wolsey, 1514 Erzbischof von Canterbury, 1515 von Papst Leo X. zum Kardinallegaten, vom König zum Lordkanzler ernannt, wußte den Geheimen Rat durch seine Person zu ersetzen und durch strenge Sparsamkeit das Parlament zur Seite zu schieben; es ist in seinen 14 Amtsjahren nur einmal (1523) berufen worden. Nach der Enttäuschung von 1525 betrieb er die Entfernung der spanischen Tante Karls V., um den König für politische Verbindungen mit Frankreich frei zu machen. Allein die persönliche Leidenschaft Heinrichs für *Anna Boleyn* (seit 1523, geb. 1506) und die Unmöglichkeit, Papst *Clemens* VII. nach dem sacco di Roma von 1527 und dem Barcelonafrieden von 1529 für eine Ehescheidung zu gewinnen, führte im Verein mit den Intrigen seiner Neider am Hofe seinen Sturz herbei (29) und seine Ersetzung durch Thomas Morus.

Lordkanzler *Morus* (29—32), überzeugter Verfechter der römischen Jurisdiktion in Ehesachen, hat den *Ehehandel des Königs* nicht weitergebracht. Vielmehr war es der dem deutschen Luthertum nahestehende Theologe *Cranmer*, der zur Lösung ohne Rom Wege wies. Er riet 1531, eben von einer Deutschlandreise zurück, zu einem Gutachten von Theologen. Auch das Parlament hatte eine entschiedene Haltung gegen Rom eingenommen. Der König erklärte auf Grund eines Statuts von 1353 die gesamte Geistlichkeit für abgesetzt und machte aus dem Rückkauf der Kirchenämter durch die Geistlichkeit ein Bombengeschäft. Nach diesem Schreckschuß erklärten die Konvokationen der beiden Erzbistümer den *König zum höchsten, also einzigen Haupt der englischen Kirche* (1531). Morus legte daraufhin sein Amt nieder.

Sein Nachfolger wurde der Kaufmann und Jurist *Thomas Cromwell* (1532—40). Zusammen mit dem vom König zum Erzbischof von Canterbury erhobenen und von Clemens VII. bestätigten Cranmer (1533 bis 1553) hat er 1. die *Verbindung des Königs mit Anna Boleyn* ermöglicht (Jan. 33), 2. die Ehe mit der Spanierin Katharina für gelöst erklärt (Mai 33).

Die mit der Sache verbundenen kirchen- und staatspolitischen Fragen fanden in der Linie des jetzt auf den Staat übertragenen Eigenkirchengedankens in der Parlamentsakte vom 3. 11. 34 über den königlichen Supremat ihren Abschluß: der König wurde Godvicegerent and Christs vicar, sein Lordkanzler vicarius generalis in ecclesiasticis. Der neue Papst Paul III. beschränkte sich aus politischen Gründen zunächst auf die Androhung der Exkommunikation.

Die Erscheinung einer katholischen Landeskirche war keineswegs einzigartig. Wir finden sie zuerst in Deutschland, in Cleve; Österreich, Brandenburg, Sachsen, Pommern waren schon im 15. Jahrh. zu fast unbeschränkter Kirchenhoheit gelangt. Dasselbe gilt von Spanien (1482) und Frankreich (1516). Der tiefere Grund für diese internationale Erscheinung liegt 1. in der seit dem 14. Jahrh. einsetzenden nationalen Differenzierung, 2. zusammen mit dem Aufkommen der Geldwirtschaft in dem Trachten nach monetärem Kapital zwecks Steigerung der Fürstengewalt, 3. in der antikhumanistischen Wertung des Staates.

1534 bedeutete „romfrei" für einen Teil der Bevölkerung soviel wie „auch dogmatisch von Rom gelöst". Daher setzte in England mit 1535 das Parteileben ein. Man muß sich nur vergegenwärtigen, daß sich der Prozeß im engen Rahmen von etwa 4.356 Millionen Menschen zu entwickeln begonnen hat.

In Wahrheit vollzog sich eine ungeheuerliche Revolution. 1535 wurde Wales dem englischen Staat eingegliedert: das in 12 Grafschaften eingeteilte und von Friedensrichtern verwaltete Land und seine Städte „waren von nun an im englischen Unterhaus vertreten", — „der erste und vielleicht der erfolgreichste Einigungsakt in der britischen Geschichte" (Trevelyan). 1536—39 wurden nach dem Vorbilde deutscher protestantischer Fürsten, denen sich Heinrich übrigens seit 35 bewußt näherte, zugunsten der Krone und des Adels sämtliche 616 Klöster, schließlich auch alle Stiftungen und sogar kirchlichen Bruderschaften eingezogen, die einschneidendste Revolution der gesamten agrarischen Produktionsverhältnisse. Ein wilder Handel mit freigewordenem Land begann.

Die alten Wirtschaftsformen der gemeinsamen Feldmark wurden umgestoßen zugunsten durch Zusammenlegung abgerundeter, geschlossener Freibauerngüter und weitausgedehnten Großgrundbesitzes, und eben dieser ging nun zur kapitalistischen Landwirtschaft über.

Diese Mobilisierung der Bodenwerte lieferte der Krone, die über einen Jahresertrag allen Klostergutes von etwa 273 000 Pfund verfügen konnte, die Mittel zur Entwicklung einer modernen Flotte von Segelschiffen (statt Ruderschiffen), die länger als bisher, daher wendiger gebaut und mit Artillerie bestückt wurden.

Mehr noch: die Suprematsakte von 34 samt dem Gesetz über Hochverrat, unter Cranmers Einfluß 36 die reformatorischen „10 Artikel", dann 39 die wahrscheinlich von Bischof Gardiner (1483—1555) im Sinne der katholischen Landeskirche verfaßten „6 Artikel" stellten die Bevölkerung mit aller Schärfe vor klare Entscheidung für oder gegen die Neuerung. „Heinrich VIII. ließ gleichzeitig Protestanten verbrennen und die katholischen Gegner seiner antiklerikalen Revolution hängen und köpfen" (Trevelyan). Aber die gewünschte Uniformität konnte selbst dieser Despot nicht erzwingen. Romkatholiken und staatskirchliche Katholiken, Lutheraner und Calvinisten, Wiclifiten und Spiritualisten, dazu in den Kreisen der höheren Bildung noch Humanisten, alles wogte in diesen wenigen Millionen Bevölkerung durcheinander, — eine wirtschaftlich, gesellschaftlich, weltanschaulich gärende Zeit, eine Zeit des blutigen Märtyrertums bei allen Richtungen, die nicht auf die amtliche Kirchenform schworen.

Die 11 Jahre zwischen Heinrich VIII. und Elisabeth zeigten das Ringen der sich bildenden Parteien. Die Regentschaft Eduard Seymours 47—49 und des Herzogs von Northumberland 49—53 für den zunächst 9jährigen Knaben Eduard VI. war in beiden im übrigen noch so verschiedenen Vertretern so reformfreudig, daß Gardiner fast 6 Jahre im Tower lag und Cranmer calvinistische Theologen ins Land ziehen konnte. Aber die Einführung des Book of common prayer and administration of the sacraments 49 löste, wie schon 36 die Säkularisation, offenen Aufruhr der konservativen Bevölkerung aus. Die „42 Artikel", unter Calvins persönlichem Einfluß entstanden und 1542 zum Gesetz erhoben, und die Härte der Zwangsmaßregeln, die Northumberland anwandte, machten bei Eduards frühem Tode die Thronfolge der Maria, obwohl noch nie eine Frau den Thron innegehabt hatte, so populär, daß 53 Northumberlands Versuch, durch seine Schwiegernichte Johanna Grey eine eigene Dynastie zu begründen, in weniger als Monatsfrist zusammenbrach. Nun aber verschwand Cranmer im Tower, von wo Gardiner das Lordkanzleramt antrat, bald unterstützt vom Kardinallegaten Reginald Pole als Erzbischof von Canterbury. Der Kurs der Reaktion, die von breiten Teilen der Bevölkerung bewillkommt wurde, fand weiter seinen Ausdruck in der spanischen Heirat der Königin 1554; damals und noch einmal 57 weilte Philipp II., Herr von Spanien und Süditalien, von Mailand und Burgund, Herr der Niederlande und der amerikanischen Länder, in England. 1555 kehrte England, nachdem Papst Julius III. die Säkularisationen anerkannt hatte, in die römische Obödienz zurück und nahm an Spaniens Seite an einem Kriege gegen Heinrich II. von Frankreich teil, der aber zum Verlust von Calais führte (1558); das alles hat im Verein mit den enormen Geldanforderungen der Königin die Regierung Marias rasch diskreditiert. Das ist eine Voraussetzung für das Verständnis der Zeit Elisabeths. Die andere ergibt sich aus einem Blick auf das Parlament.

Gewiß, auch über den Parlamentsmitgliedern hing das Damoklesschwert der Sternkammer; die Gefügigkeit der

Ständevertretung erklärt sich aber daraus allein nicht, sondern mehr aus den Interessen, die für die Parlamentsmitglieder im Vordergrunde standen. Die lagen nicht auf dem Gebiet des Theoretischen, Dogmatischen, sondern in der Sphäre nüchterner materieller Wirklichkeiten. „Das Parlament der Reformation tagte sieben Jahre lang" (Trevelyan). Die Säkularisationen förderten das allgemeine Wirtschaftsleben durch den weitschichtigen Handel, der mit dem enteigneten Lande getrieben wurde, und belebten infolge Verkaufs eines Teils der Güter an den Adel dessen Kraft. Bezeichnend, daß die erste kräftige Opposition des Parlaments gegen die Krone 1548 erfolgte, als diese, durch Unruhen des Landvolks erschreckt, die Landlords zur Herausgabe konfiszierten Klostergutes zwingen wollte. Ebenso war es das Parlament, das bei dem römischen Vertrag von 55 die Sicherung des ehemaligen Kirchengutes in Laienhand durchsetzte, und wirtschaftliche Gründe bestimmten es zum Protest gegen die spanische Heirat und die romfreundliche Politik Marias. Liefen doch allein in den drei Jahren nach dem römischen Vertrag 120 000 Pfund nach Rom; und während im Lande unter dem Schreckensregiment der „blutigen" Maria „ein Chaos voll Entsetzen und Grauen" herrschte, wuchsen die Staatsaugaben in den 5 Jahren der Maria von 135 auf 375 000 Pfund. Daher lehnte denn auch das Parlament, in Hoffnung auf Beseitigung des reaktionären Systems, die Ausschließung der Elisabeth von der Thronfolge ab. So hat die Reaktionspolitik Marias dem Parlament neuen Auftrieb gegeben. Und gerade die Rücksicht auf Marias spanische Politik bestimmte in Schottland die Regentinmutter Maria Guise zur Begünstätigung der calvinistisch-reformatorischen Strömung, während der schottische Adel auf Säkularisationen spekulierte: mit Duldung der Regentin bildeten die Neugläubigen eine politische Partei (Covenant, Dez. 57) zum Schutz der Herde Gottes und zum Kampf gegen alle „abgöttischen" Gebräuche. Seit 59 stand John Knox ununterbrochen an der Spitze der Bewegung (gest. 1572).

Elisabeths Thronfolgerecht wurde von Maria Stuart bestritten; damals 16jährige Kronprinzessin von Frankreich, legte sie sich sofort den Titel einer Königin von England bei. Auch Papst Paul IV. erklärte sich schroff gegen Elisabeth, desgleichen der französische Hof, an dem Maria vom 6. Lebensjahre an erzogen worden war. Im Ehevertrag war Schottland, wo die Mutter Maria Guise die Regentschaft führte, der Krone von Frankreich überlassen. Auch in England gab es zahlreiche Verfechter einer Thronfolge Marias im neu- wie im altgläubigen Lager. Folgerichtig erklärte sich Philipp II. von Spanien für Elisabeth, lange hat er sie diplomatisch gestützt.

Elisabeth war weder Katholikin noch Protestantin; sie war Humanistin und Politikerin. Immer ist ihr das Wohl des Volkes oberstes Gesetz gewesen. Im Gegensatz zu ihrer Vorgängerin stützte sie sich auf „das Volk", setzte Marias Hofbudget von jährlich 40 000 Pfund auf ein Viertel herab und führte als Kirchensprache sofort die Landessprache ein.

Sie hatte tüchtige Gehilfen. Obenan Sir William Cecil (1520—98), der schon ihrem Vater als Staatssekretär gedient hatte und Mitglied des Geheimen Rats gewesen war; 40 Jahre (58—98) hat er als Lord Burleigh die Königin beraten. Dann Sir Francis Walsingham (1536—90); sein Hörvermögen reichte dank einem raffinierten Spionagesystem bis in die geheimsten Beratungszimmer von Rom und Madrid, Paris und Edinburgh, Brüssel und Wien. In der Kirchenpolitik Erzbischof Matthew Parker (59—75), in der Wirtschaftspolitik Kaufmann Thom. Gresham (1519 bis 1579); sein Vater war schon Heinrichs VIII. Bankier gewesen, er selbst gründete die Royal Exchange, die Börse. Sein Nachfolger wurde Sir Walter Raleigh (1552—1618).

Die Religionspolitik der Königin. Gleich das erste Parlament (Jan.—Mai 59), auf Elisabeths Veranlassung mit Messe und evangelischer Predigt eröffnet, verbot die Anerkennung der päpstlichen Oberhoheit und stellte den kgl. Supremat sowie das Gebetbuch der Zeit Eduards VI. wieder her. Die eidweigernden Bischöfe wurden ab- und durch Flüchtlinge der Mariazeit ersetzt. Die Uniformitätsakte vom Juni 59 wurde Grundlage der anglikanischen Kirche, die in den „39 Artikeln" ihr verpflichtendes Glaubensbekenntnis erhielt. Für die kirchlichen Angelegenheiten bildete die Königin „die Hohe Kommission", eine Art Konsistorium, das 83 auch mit richterlichen Befugnissen ausgestattet wurde. In der Durchsetzung ihrer Staatskirche war Elisabeth ebenso empfindlich wie es ihr Vater mit der seinen gewesen war: die Einstellung zur episkopalen Hochkirche wurde zum Symptom der politischen Gesinnung, und das führte zum ausgedehnten Märtyrertum wie bei Katholiken so bei Puritanern; viel Blut ist auch hier noch geflossen.

Ernste Schwierigkeiten bereitete Irland. Nationale Aufstände 61—67 und 95—02 wirkten um so störender, als sie stets auf die Sympathie der katholischen Welt rechnen konnten. Elisabeth war kostspieligen Kriegsunternehmungen so abhold, daß die Gouverneure an bewaffnetes Durchgreifen wenig denken durften.

Den von Maria überkommenen Krieg mit Frankreich legte sie bei (April 59). Weder nach dieser noch nach der schottischen Seite gab es ernsthafte Verwickelungen. Der einzige Krieg dieser Zeit, der mit Spanien (87—03), war von der opferfreudigen Begeisterung einer Majorität der Bevölkerung getragen. Er hatte drei äußere Anlässe: die mit der schottischen Maria verknüpfte Thronfolgefrage, die holländischen Verwickelungen, die Piratenzüge englischer Freibeuter. Die drei Erscheinungen hängen eng miteinander zusammen.

Maria Stuart war Juli 1559 mit dem Gemahl Franz II. Königin von Frankreich geworden, durch den Tod ihrer Mutter Maria Guise Frühjahr 60 Königin von Schottland, wo sich die überwiegend calvinistische Bevölkerung 59 von Rom losgesagt hatte. Die von der stellvertretenden Regentschaft ausgesprochene Anerkennung der Thronfolge Elisabeths (Juli 60) annullierte sie sofort, als sie nach des Gemahls frühem Tode (Dez. 60) im Aug. 61 als 19jährige Witwe nach Schottland zurückkehrte. Die eben jetzt in Frankreich ausbrechenden Hugenottenkriege lähmten die Aktionsfreiheit Frankreichs, und der Machtkampf der Katharina Medici mit den guisischen Brüdern ließ mindestens kein positives Interesse der Regentin an einer Stärkung der Stuartkönigin aufkommen. Zudem erhielten die Hugenotten engere Beziehungen zur englischen Regierung, die ihrerseits nach der schottischen Seite alles tat, um durch Verbindung mit den dortigen Calvinisten die Stellung der Königin zu untergraben.

Gleichzeitig spitzten sich die Verhältnisse in den seit 56 zur spanischen Monarchie geschlagenen Niederlanden zwischen der Regierung und der am Calvinismus, der Ständeverfassung und an ihrer wirtschaftlichen Freiheit hängenden Bevölkerung so zu, daß seit 63 die Abwanderung von Holländern nach England begann. Durch Verbot englischer Wollausfuhr nach Holland setzte 64 Elisabeth die Bevölkerung Hollands unter außerordentlichen Druck; wird doch schon zu Marias Zeiten geschätzt, daß die Verarbeitung englischer Textilfabrikate in Holland 200 000 Menschen in Brot setzte und einen Gewinn von 150 000 Pfund abwarf. Vergeltungsmaßregeln der spanisch-niederländischen Regierung hatten den Beginn englischer Raubüberfälle auf spanische Schiffe zur Folge; Verhandlungen darüber rissen zwischen Madrid und London seit 64 nicht ab. Elisabeth selbst war mit Kapitaleinschuß und Gewinnanteil stille Teilhaberin beim Erschließen dieser Geldquellen.

In Schottland hatte Maria 61 den neuen Glauben als anerkannte, fest organisierte Religion, ja sogar ein Verbot des Katholizismus vorgefunden. Hatte sie schon dadurch keine gute Stellung im Lande, so verdarben ihre persönlichen Liebeshändel angesichts der rigorosen Lebensauffassung des von Knox geführten Calvinismus vollends ihr Ansehn. In Schottland unmöglich geworden, kam Maria im Mai 68 als Flüchtling nach England.

Zur Rekatholisierung Englands wurde im gleichen Jahre in den spanischen Niederlanden (Douai) ein jesuitisches Collegium Anglicum gegründet. Im Juni 68 löste die Hinrichtung der Grafen Egmont und Hoorn durch Alba den niederländischen Aufstand aus. Er entfesselte im Kanal ein niegesehenes Leben und erfreute sich seitens des amtlichen und privaten Englands jeder inoffiziellen Begünstigung. Pius V. bannte 70 Elisabeth, erklärte sie für abgesetzt und löste die Untertanen ihres Eides; aber das Parlament antwortete mit dem Beschluß, die Königin als Ketzerin und als nicht zur Thronfolge berechtigt zu bezeichnen, sei Hochverrat; es gab damit den Gerichten eine gesetzliche Grundlage zum Vorgehen gegen die Vertreter der römischen und spanischen Interessen, die sich in der Person der schottischen Königin verbanden. Thomas Howard, Sproß einer streng katholischen Grafenfamilie, machte nach Zusicherung spanischer und päpstlicher Hilfe 72 einen Anschlag auf die Regierung; er hoffte, mit Marias Hand eine katholische Dynastie zu begründen. Aber die Sache endete mit des Grafen Enthauptung.

Zu den weiteren Anschlägen auf die Person und die Staatsordnung Elisabeths, deren keiner der Wachsamkeit der Geheimen Staatspolizei Ihrer Majestät entging, traten seit 62 die Beutefahrten englischer Unternehmer. John Hawkins begann 1562 seine Kreuzerfahrten von der afrikanischen zur westindischen Küste, um am gewinnbringenden Negerhandel Anteil zu bekommen. Francis Drake setzte 70—72 die Kaperfahrten nach Westindien fort und störte auf seiner dem Wege nach China geltenden Weltumsegelung (77—80) die spanische Schiffahrt auch im Pazifik. Frobisher (76—78) und Raleigh (79) suchten vom Atlantik die nordwestliche Durchfahrt zum Pazifik, um den englischen Verkehr mit Ostasien von den Spaniern unabhängig zu machen. Während Davis sich dreimal (85 bis 87) an demselben Problem versuchte, überfiel Drake die Spanier am Kap Verde, eroberte in Westindien Santo Domingo und Carthagena, brandschatzte die Küste von Ostflorida und kehrte mit einem Beutewert von 600 000 Pfund heim (85—86). Dazu blühte seit dem holländischen Aufstand das Kriegslieferungsgeschäft. Ein neuer Geist, ein neues Leben ergriff erwerbsfreudige Naturen, und die Regierung Ihrer Majestät deckte das ganze tolle Treiben durch dilatorisches Verhalten, wenn der spanische Gesandte Reklamationen vorbrachte. Seit 85 schickte die Königin ganz offen Hilfstruppen nach Holland, ihr Günstling Graf Leicester führte den Oberbefehl, wenn auch nicht eben ruhmvoll.

Ohne amtlichen, offenen Krieg hatte sich also *die Differenz zweier Systeme* aufs äußerste und bis zur Unerträglichkeit zugespitzt, als Lord Burleigh von seiner Königin das *Todesurteil gegen Maria Stuart* erwirkte und (8. 2. 87) vollziehen ließ. Für ihn bedeutete Katholizismus nach Lage der Dinge dasselbe wie Hochverrat. 76 war in Rom ein zweites Collegium Anglicum gegründet worden, und dem 78 von Douai nach Reims verlegten Collegium waren in Spanien und den spanischen Niederlanden andere gleichgerichtete Institute zur Seite getreten. Schon vor Marias Enthauptung waren in England etwa 130 Priester und 60 Laien als staatsgefährlich beseitigt worden, viele ausgewiesen, mehr noch lebenslänglich eingekerkert.

Nach Marias Hinrichtung nahm Philipp II. England von Sixtus V. zu Lehen und schickte *die Armada* aus. An den Kämpfen, in denen dieses enorm kostspielige Riesenunternehmen im Juli/August 1588 zusammenbrach, waren u. a. Frobisher, Raleigh und Drake beteiligt. Hier ist wirklich eine Entscheidung gefallen: Clemens VIII. erkannte (95) die Königin als legitime Thronerbin an. Den Seekrieg verlegten die Englänäder 10 Jahre lang in die spanisch-portugiesischen Gewässer. Der Versuch freilich, die Erbvereinigung Portugals mit Spanien (80) durch

Inthronisation eines portugiesischen Anwärters Don Antonio zu sprengen, mißglückte (89). Aber nun gingen die Holländer auch auf die hohe See und nisteten sich im portugiesischen Kolonialreich ein; in ihrem Gefolge fuhren 91 und 96 die ersten englischen Flotten nach Ostindien.

Eine Skizze der gesellschaftlichen Verhältnisse um die Jahrhundertwende diene der Vorbereitung eines geschichtlichen Verständnisses der englischen Revolution. Seitdem Eduard III. angefangen hatte, flandrische Weber nach England zu ziehen, war die früher nur für den eigenen Hausbedarf arbeitende Herstellung von Textilien langsam zu einer marktwirtschaftlichen Textilindustrie herangewachsen. Dabei hatten sich die im Eigenbesitz der Produktionsmittel befindlichen Webstuhlbesitzer vielfach außerhalb der Städte in Dörfern niedergelassen, um dem städtischen Zunftzwange zu entgehen. So waren sie Träger einer individualistischen Produktionsweise geworden, hatten besonders seit der Bodensäkularisation von 36—39 freie Arbeiter zu Geldlohn angenommen und damit still und langsam, ohne Absicht eine Revolution des gesamten Wirtschaftslebens eingeleitet: der gesteigerte Bedarf an Wolle forderte vermehrte Schafzucht; zwischen den Wollproduzenten, der weite Weiden brauchte, und den Verarbeiter des Rohstoffes schob sich der Händler, und die verstärkte Produktion von Fertigwaren hatte den Export nach den Städten belebt und darüber hinaus nach dem Auslande geführt. Dieser Prozeß ist nun in der Zeit Elisabeths durch massenhaften Zuzug französischer (seit 62) und holländischer (seit spätestens 63) Calvinisten wesentlich gefördert worden. Sie brachten ihren Gewerbefleiß und ihre Erfahrungen mit.

Dadurch entstanden drei neue Gesellschaftsklassen. 1. auf dem Lande führend der niedere grundbesitzende Adel (gentry); seine jüngeren Söhne flossen bei Zusammenhalt des Grundbesitzes in der Hand des Ältesten in die Kreise des Gewerbes und des Handels, zur Kirche und zur Wissenschaft, auch zur Flotte ab, umgekehrt fanden durch Heirat Freibauern und Geschäftsleute Eingang zur gentry. 2. in den Hafenstädten die Klasse der Kaufleute mit Weltblick, die im 15. Jahrh. Absatzmärkte in Europa, im 16. in Afrika, Asien und Amerika zu suchen anfingen und dabei mit Portugiesen und Spaniern, ja mit dem Begriff des von diesen beanspruchten Welthandels- und -ausbeutungsmonopols in Konflikt gerieten (Adventurers, „abenteuernde Kaufleute"). Sie bildeten Unternehmerverbände auf kapitalistischer Grundlage. So als erste Aktiengesellschaft 1566 die Britisch-russische Handelsgesellschaft, nachdem 1553 vom Weißen Meer aus Verbindung mit Zar Iwan IV. hergestellt war (Handelsvertrag von 1558); dann 1579 die Britisch-levantinische Gesellschaft und die Britisch-nordische Handelsgesellschaft; 1590 die Britisch-virginische Gesellschaft, von Raleigh gegründet; endlich 1600 die Britisch-ostindische Compagnie mit 72 000 Pfund Anfangskapital, dem Recht, eigenes Siegel zu führen, eigenen Gouverneur und eigenes 20köpfiges Direktorium und eigene Korporationsgesetzgebung zu haben. Diese kapitalistische Entwicklung war wesentlich begünstigt durch Aufhebung des Zinsverbots 1571.

Mit den beiden Entwicklungen der kapitalistischen Landwirtschaft und des kapitalistischen Handels entstand aber auch 3. das Proletariat, d. h. derjenige Teil der wirtschaftenden Bevölkerung, der ohne Eigenbesitz an Produktionsmitteln auf Grund eines Privatvertrages mit einem Besitzer von Produktions- oder Verkehrsmitteln gegen Lohn Güter erzeugt oder bewegt. Es gab in elisabethanischer Zeit ein ländlich-agrarisches Proletariat auf den Höfen der größeren Freibauern, in den Großwirtschaften, besonders auf den kgl. Domänen; es gab ein ländliches und städtisches Proletariat besonders im gesamten Transportwesen im Lande und über die Küsten hinaus zur Fremde. Nicht zu vergessen die mächtig aufblühende Schiffbauindustrie und das gerade in der Tudorzeit lebhafte kirchliche wie profane Bauwesen.

3. Die Stuarts und die Revolution (XVII. Jahrhundert)

a) **Ideengeschichte.** Die Bevölkerung Englands betrug um die Jahrhundertwende nicht über 4½ Millionen. Für Irland kann man etwa 780 000, für Schottland etwas weniger veranschlagen, so daß die Träger des Geschehens im 17. Jahrh. insgesamt nicht über 6 Millionen geschätzt werden dürfen. Davon waren, wie überall, die meisten rein passiv; die heftige, langwierige, für Europa wie Amerika Schule machende Auseinandersetzung auf wirtschaftlichem, gesellschaftlichem, staatspolitischem, kirchenpolitischem und allgemein geistigem Gebiet, die diesem Jahrhundert englischer Geschichte sein Gepräge gibt, vollzog sich jeweils unter wenigen 100 000 Menschen.

Die Eigenart der englischen Revolution besteht darin, daß es sich nicht um den Austrag eines Klassengegensatzes zwischen Ausbeutern und Ausgebeuteten handelte. Die vorhandenen, auf wirtschaftlicher Grundlage beruhenden Gesellschaftsschichten wurden vielmehr von den im Vordergrunde stehenden Fragen horizontal aufgespalten; es gab keine Klasse, von der nicht Angehörige auf der einen, auf der anderen Seite gestanden hätten. Wohl sprachen für die Stellungnahme auch wirtschaftliche Interessen mit, auf dem Lande wie in den Handelsstädten; aber eine bewußte Erhebung wirtschaftlich Unterdrückter gegen wirtschaftliche Unterdrücker lag nicht vor. Wenn z. B. nach dem Siege des Parlaments 1646 der ländliche Großgrundbesitz, soweit er es mit dem König gehalten hatte, im weitesten Umfange zu Landveräußerungen gezwungen wurde, so war das Ausnutzung einer gegebenen Situation, nicht Motiv der Revolution. Den politischen Schwerpunkt z. Z. Cromwells bildeten die etwa 180 000 Bauernfamilien zu-

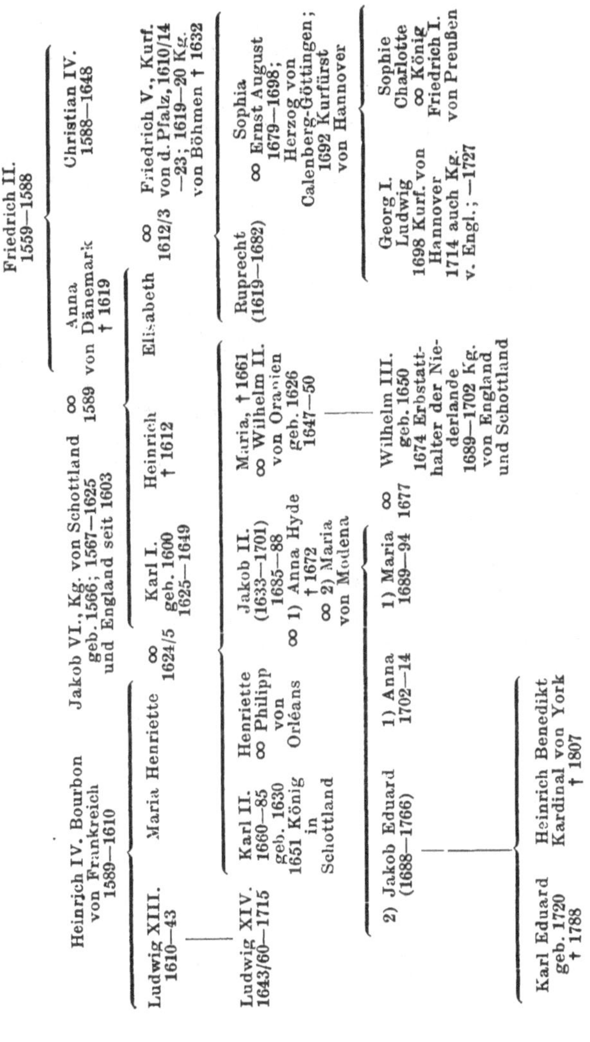
Friedrich II.
1559—1588
Heinrich IV. Bourbon
von Frankreich
1589—1610
Jakob VI., Kg. von Schottland
geb. 1566; 1567—1625
und England seit 1603
∞ 1589
Anna
von Dänemark
† 1619
Christian IV.
1588—1648
Ludwig XIII.
1610—43
Maria Henriette
∞ 1624/5
Karl I.
geb. 1600
1625—1649
Heinrich
† 1612
Elisabeth
∞ 1612/3
Friedrich V., Kurf.
von d. Pfalz, 1610/14
—23; 1619—20 Kg.
von Böhmen † 1632
Ludwig XIV.
1643/60—1715
Karl II.
1660—85
geb. 1630
1651 König
in
Schottland
Henriette
∞ Philipp
von
Orléans
Jakob II.
(1633—1701)
1685—88
∞ 1) Anna Hyde
† 1672
∞ 2) Maria
von Modena
Maria, † 1661
∞ Wilhelm II.
von Oranien
geb. 1626
1647—50
Ruprecht
(1619—1682)
Sophia
∞ Ernst August
1679—1698;
Herzog von
Calenberg-Göttingen;
1692 Kurfürst
von Hannover
2) Jakob Eduard
(1688—1766)
1) Anna
1702—14
1) Maria
1689—94
∞ 1677
Wilhelm III.
geb. 1650
1674 Erbstatt-
halter der Nie-
derlande
1689—1702 Kg.
von England
und Schottland
Georg I.
Ludwig
1698 Kurf. von
Hannover
1714 auch Kg.
v. Engl.; —1727
Sophie
Charlotte
∞ König
Friedrich I.
von Preußen
Karl Eduard
geb. 1720
† 1788
Heinrich Benedikt
Kardinal von York
† 1807

sammen mit den städtischen Kaufleuten; aus ihren Kreisen gingen etwa zwei Drittel der Parlamentsmitglieder hervor.

Revolutionen sind Fiebererscheinungen im gesellschaftlichen Gesamtorganismus, Symptome, daß etwas nicht in Ordnung ist. Im vorliegenden Falle vollzog sich eine *Auseinandersetzung zwischen zwei Wirtschaftsformen*, der älteren agrarischen und der jüngeren geldwirtschaftlichen. Verschärfend trat ein *Gegensatz auf dem Gebiete des Rechtslebens* hinzu: das Königtum stützte seine absolutistischen Ansprüche auf das römische Recht der Renaissance; die Opposition handelte im Namen des bodenständig entwickelten Common Law (Sir Edw. Coke, 1616—28 Führer der Unterhausopposition). Die Gegnerstellung gegen das Königtum war außerdem bei den Presbyterianern und Puritanern religiös-kirchlich, bei der städtischen Handelswelt in ihre Absage an Rom und Spanien auch geschäftlich begründet.

Nicht also die wirtschaftliche Entwicklung allein stellte den englischen Staat vor all die Probleme. Hinzu kamen die geistigen Einflüsse kontinentalen Ursprungs, die im engen englischen Rahmen die merkwürdigsten Überkreuzungen eingingen. Sowohl die kirchlich-religiösen, also der Katholizismus, das Luthertum, der Calvinismus, der Spiritualismus, als auch die humanistischen, also das römische Recht, das Naturrecht und die Toleranzidee, sie alle forderten Stellungnahme zur *Frage nach dem Wesen und der Struktur des Staates*, und dieses Durcheinander von Lehren heterogenster Herkunft ging Verbindungen mit den verschiedensten Erwerbs- und Gesellschaftsinteressen von Ständen ein, die z. T. noch ganz jungen Datums waren. Das gilt besonders von dem Großgrundbesitz, der Gentry, die ihre Zusammensetzung erst in der Tudorzeit erfahren hatte und aus den nicht im Erstgeburtsrecht stehenden Söhnen der 160 weltlichen Lordfamilien ständig neuen Zuzug erhielt. Sie umfaßte etwa 16 500 Familien und bildete „eine Klasse ähnlich dem Junkertum im ostelbischen Preußen" (Brentano III₁ S. 44): königstreu bis zu dem Augenblick, da Jakob II. die anglikanische Kirche antastete.

Im 17. Jahrh. wurde erst das Problem zur Lösung gebracht, das vom 16. aufgeworfen war, nämlich die zweigeteilte Frage nach der Staatsstruktur und nach dem Verhältnis zwischen Staat und Kirche. Beide haben sich zugespitzt auf die Frage nach dem Verhältnis zwischen Parlament und Krone.

Die Stuarts neigten zum Absolutismus, jener Staatsform, die freilich eng mit der frühkapitalistischen Wirtschaft zusammenhängt. Jakob I. sagte einmal: „Wir Könige, die Gott auf die höchsten Throne der Welt gesetzt und zu seinen Leutnants und Stellvertretern gemacht hat, ja die er selbst uns auf seinen Thron gesetzt hat, um sein Urteil zu vollstrecken." Mit der Formulierung König gleich Platzhalter und Stellvertreter Gottes, die schon seit 1532 auftaucht und unverkennbar mit der Renaissance des Alten Testaments zusammenhängt, übernahm das Königtum mit den Funktionen der päpstlichen Allgewalt auch deren theoretische Begründung. Dazu traten mit der humanistischen Renaissance Ableitungen aus dem römischen Kaiserrecht, so die des Jean Bodin (1576), derzufolge die superanitas „it is free from any conditions". Wie Jakob aus dem Gottesgnadentum, so leitete ein Jurist der Zeit aus der „absolute power" den Satz ab, daß der König über dem Recht stehe. Noch höher verstieg sich in der Auseinandersetzung 1638 Rob. Berkeley mit dem Satz, daß der König als lex loquens überhaupt nicht Unrecht tun könne, daß sich in die jura summae majestatis niemand einzumischen habe, — eine logisch-deduktiv-scholastische Begründung des kgl. Absolutismus. Das Gegenstück zu dieser Theorie ist die dem Katholizismus durchaus nicht fremde, jetzt aber vom Calvinismus besonders scharf formulierte Lehre vom christlichen Widerstandsrecht, das einer schriftwidrig handelnden Obrigkeit gegenüber sogar zur Widerstandspflicht werden kann.

Auf der anderen Seite die Parlamente. Jakobs I. erstes Parlament zählte im Unterhaus 467 Abgeordnete, im Oberhaus 82 weltliche Peers und 28 Vertreter der hohen Geistlichkeit. Bezeichnend, daß die Stuarts die Zahl der weltlichen Peers auf 145 hinaufschraubten, während das Unterhaus nur auf 513 Mitglieder anwuchs. Diese setzten sich 1679 zusammen aus 407 städtischen Vertretern, 80 englischen und 24 wallisischen Grafschaftsabgeordneten und 2 Universitätvertretern. Das Wachstum des Unterhauses zwischen 1603 und 1679 ist auf Wahlrechtsverleihungen an Städte zurückzuführen, d. h. es brachte überwiegend Vertreter der im werdenden Kapitalismus sich bildenden jungen Erwerbsklassen mit deren Ideologie in die Ständeversammlung.

Um Klarheit in die Fülle der in der Kampfzeit auftauchenden Streitpunkte zu bekommen, mag die kirchliche Seite allein vorweggenommen werden. Alle Stuartkönige sympathisierten mit dem Katholizismus, die zwei späteren gehörten ihm in verschiedenen Formen an. Es lag in der Zeit, in der römischen Kirche eine Stütze des monarchischen Absolutismus zu sehen; so hatten es seit Ferdinand die Könige Spaniens gehalten, seit 1619 verfolgte in Deutschland Ferdinand II. dieselben Grundsätze. Allein der Katholizismus, rechtlich seit der elisabethanischen Kirchengesetzgebung mit allen anderen Nichthochkirchlern zur Gruppe der Nonkonformisten gehörig, machte sich 1605 durch die Pulververschwörung, in der König und Parlament in die Luft gesprengt werden sollten, für lange politisch unmöglich und für immer verdächtig. Um so mehr griff schon Jakob I. auf den von Heinrich VIII. und dann wieder von Elisabeth stabilisierten kgl. Supremat von 1534 und 1563—71 zurück (1604 in den 141 Artikeln). Schärfer noch formulierten Karl I. und seine beiden Ratgeber Thomas Wentworth, Earl von Strafford, und William Laud, seit 1628 Bischof von London, von 1628/29 bis 1640 die Hauptstützen des Königs, die in Gottes Gebot und dem Naturrecht begründete unbeschränkte Macht der Krone über Staat und Kirche (1640 die 17 Artikel und der Etcetera-Eid). Aber die Begründung schützte den König und seine Ratgeber nicht vor dem Verdacht des „Romanismus", und von Romanismus wollten die das Parlament tragenden Kreise unter keinen Umständen etwas wissen.

Es ist verständlich, daß eine Institution, die unter dem Namen Parlament eine 400jährige Geschichte hatte, sich dagegen wehrte, beiseite geschoben zu werden, vollends so unmittelbar nach den 45 Jahren der Elisabeth, in denen trotz kgl. Supremats diese Ständevertretung zu festen Lebensformen gekommen war. Hier sah man das Ideal in der bewährten Zusammenarbeit von Krone und Ständevertretung. Aber in der Schärfe der Gegensätze formulierten auch die Herren des Parlaments ihre Forderungen in Zuspitzungen, die unvermeidlich über das Ziel hinausschießen mußten und im Kampf um Sein oder Nichtsein das Königtum beseitigten. Thesis und Antithesis haben sich schließlich, nachdem die fünfjährige Militärdiktatur Cromwells unter Hinterlassung ungeheurer Schulden zusammengebrochen war, zur Synthesis der konstitutionellen Monarchie zusammengefunden.

Seit 1564, d. h. nach Einführung der Hochkirche, war der Puritanismus eine bewußte eigene Größe. Um 1605 gehörte ihm über ein Drittel der protestantischen Bevölkerung an. In Negation der elisabethanischen Kompromißkirche verwarf er alles irgendwie Katholisierende, vorweg den sich an die Stelle des Papstes setzenden kgl. Supremat, den Episkopat und die katholischen Kultusformen. Andererseits forderte er eine organisatorische Zusammenfassung der Gemeinden in einer aus Presbytern und von den Gemeinden gewählten Geistlichen gebildeten kollegialen Spitze, wie sie in Schottland bereits bestand. Entsprechend vertrat er ein demokratisches Staatsideal, wie es vom Januar 1649 bis zum April 53 verwirklicht gewesen ist. Seinen soziologischen Schwerpunkt hatte der Puritanismus im kleinen Landadel und im mittleren Bürgertum. „Der Kampf des Parlaments gegen den

König war eine Empörung der Landedelleute gegen den Hof und den Geheimen Rat" (Trevelyan II, 427).

Im Puritanismus entwickelte sich von dem Moment an, da er durch die zweite Parlamentswahl von 1640 starken politischen Einfluß erhielt, durch Absplitterung die zunächst in Fragen der Kirchenverfassung radikale Partei der Independenten oder Kongregationalisten. Waren die schottischen Presbyterianer die echten Jünger Calvins, so überkreuzten sich in den Independenten calvinistische Gedanken mit Elementen des Spiritualismus subjektivistischer Prägung, wie sie im 16. Jahrhundert besonders in Deutschland aufgetreten und dann nach Holland gewandert waren. Jede organisatorische Bindung der einzelnen Kongregation (Gemeinde) verwerfend, stellte dieser linksradikale Flügel als republikanische Bewegung das Hauptkontingent zu Cromwells Heer und geriet im Langen Parlament (seit 1640) in immer schärfere Opposition gegen die gemäßigten presbyterianischen Puritaner, bis sich im April 45 das Heer als eigener politischer Faktor im Gegensatz zum Parlament konstituierte.

Zu den verschiedenen Idealen von Kirchenverfassungen, deren jede ihre Parallele in der politischen Welt der Staatsordnung hatte, gesellte sich als weiterer Faktor das Naturrecht. Vom Katholizismus schon in der vorhumanistischen Zeit, dann auch vom Calvinismus gepflegt, wurde es der Mutterboden für zwei Ideen: Die Lehre vom christlichen Widerstandsrecht (Ap.-gesch. 4, 19; 5, 29) erhielt angesichts der bevorstehenden Thronfolge des Protestanten Jakob von Schottland bei dem Jesuiten Doleman 1593 die Formulierung: „Regierungsformen sind veränderlich und können nach dem Willen der Volksgemeinschaft eingerichtet werden. Das freie Gemeinwesen hat die Autorität, diejenigen, die im Besitz der Staatsgewalt sind, abzusetzen, wenn sie nicht die Rechtsnormen und Bedingungen erfüllen, durch welche und für welche ihnen ihre Würde übertragen ist." Das calvinische Widerstandsrecht verlieh, wenn die oberen Instanzen, am göttlichen und menschlichen Recht gemessen, versagen, den nachgeordneten Behörden die Pflicht, in die Lücke zu treten und die Befolgung des Gesetzes zu erzwingen. Seit Einführung der Presbyterialkirche in Schottland durch Knox war dort die Herleitung der Gewalt vom Volk geistiges Allgemeingut und stärkte von dort aus den Puritanismus in England.

Aus der religiösen Dialektik des subjektivistischen Independentismus erklärt sich die Möglichkeit der anderen naturrechtlichen Idee, des Toleranzgedankens. Dieser radikale Puritanismus setzte sich ein für liberty of conscience to all, that profess Christ, without exception und geriet damit zum Prinzip des Katholizismus und zur Praxis der anglikanischen Kirche in schärfsten Gegensatz.

Cromwells Staatsordnung brach zusammen, weil sie keine Mehrheit besaß, sondern Diktatur einer Minderheit war, die die katholischen und anglikanischen Bevölkerungsteile gegen sich hatte. Auch widersprachen Cromwells mehrfache Versuche einer Parlamentsbildung der Grundidee der Strömung, die ihn emporgetragen hatte. Dazu eine schnelle Anhäufung immenser Schulden und der Tod des erst 59jährigen, dessen Stärke zudem nicht auf dem Gebiete der Politik lag. Das Lange Parlament von 1640—48 kehrte zurück, und nun war von größter Bedeutung, daß auf dem Wege der eingeschobenen Konvokation auch das Königtum restituiert wurde.

Mit Parlament und Königtum kehrten auch die ungelösten Probleme aus der Zeit der beiden ersten Stuarts wieder. Der Kern des Prinzipienstreites war die Frage: ist der König Bestandteil der Nation oder ist er eine von dieser abgesonderte, weil weit über ihr, also auch außerhalb von ihr stehende Größe? Im letzteren Falle ist er niemandem auf Erden verantwortlich und besitzt in der Erteilung von Monopolen, in der Besteuerung der Untertanen und im Erlaß von Verordnungen unbegrenzte Möglichkeiten; im anderen Falle gehört er mit in den Kompetenzbereich des Parlaments, das als Vertretung der Nation gilt.

Das waren die ideologischen Hintergründe für die Bildung politischer Parteien, die äußerlich während des 18jährigen „Restaurations"-Parlaments (1661—79) über der Thronfolgefrage einsetzte. Die Kosenamen Whig = „Schottischer Mörder" und Tory = „Irischer Bandit" und zugleich „Papist" lassen in die Leidenschaftlichkeit der Gegensätze blicken. Eine Entscheidung hat auch dieses Parlament nicht gebracht; die das Verhältnis zur katholischen Kirche regelnde Testakte 1673 und die vom sehr kurzen Parlament 79 erzwungene Habeascorpus-Akte sind zu Entscheidungen erst durch das gemeinsame Vorgehen beider politischen Parteien im Jahre 1688 geworden.

b) **Der Gang der Ereignisse.** König und Parlament bis 1635. Der 37jährige, landfremde Jakob I., Sohn der Maria Stuart und einjährig 1567 König von Schottland geworden, stand schon seit Jahren in Verbindung mit Rom; gegen das geltende Recht setzte er sie als König von England fort. Sein Wunsch war: Ausgleich zwischen Neugläubigen und romhörigen Katholiken. Darum auch der Friedensschluß mit Spanien (Mai 1604) und das Verbot der Kaperei. Im gewollten Gegensatz forderte das Parlament 1604 mildere Behandlung der neugläubigen Nonkonformisten, aber Abschüttelung der Katholiken. Darauf setzten fanatische Katholiken den Pulveranschlag gegen König plus Parlament ins Werk; er mißlang 1605, machte den Katholizismus unmöglich und setzte das Parlament ins Recht. Es unterlag erst 1610, weil es nicht anerkennen wollte, daß die Einführung von Zöllen zur kgl. Prärogative gehöre. Vier Jahre half sich der König ohne Parlament mit Verkauf von Adelsprädikaten, Handels- und Gewerbemonopolen. Der so nicht zu sättigenden Geldbedürftigkeit sollte 1614 ein neues Parlament abhelfen; es forderte Abkehr von der spanisch und katholisch orientierten Politik und wurde aufgelöst. Sechs Jahre half sich der König mit selbständig erhobenem Tonnen- und Pfundgeld und anderen kleinen Einnahmequellen. Als das Mißgeschick des kgl. Schwiegersohnes Friedrich V. von der Pfalz in Böhmen 1620 außenpolitische Verwickelungen besorgen ließ, mußte Jakob ein neues Parlament berufen. Es erhob Anklage gegen Monopolinhaber und hohe kgl. Beamte, z. B. Bacon, und erreichte bei dem Oberhaus als zuständigem Gerichtshof Verurteilung. In dem kgl. Großkanzler Francis Bacon und dem 1616 wegen Mangels an Gefügigkeit aus der Regierung ausgestoßenen Juristen Edw. Coke standen römischrechtlicher Absolutismus und gewohnheitsrechtliche Parlamentsansprüche einander gegenüber, und Coke siegte. Das Parlament formulierte unter Cokes Führung seine Rechte und Ansprüche: Redefreiheit, Beschwerderecht, Mitwirkung bei der Gesetzgebung und allen wichtigen Staatsangelegenheiten, wurde aufgelöst, und der König vernichtete das Protokoll. Als aber 1623 die Brautfahrt des Thronfolgers nach Madrid fehlschlug, zwang das neue Unterhaus den König zur Anstellung von Beamten des Parlamentsvertrauens, zur Aufhebung aller Monopole und zu antihabsburgischer Außenpolitik.

Der Thronwechsel im März 1625 brachte nichts grundsätzlich Neues. Das von Karl I. berufene Parlament forderte Kontrolle über die Verwendung der Mittel, die der König begehrte und die es bewilligen wollte; dazu Abstellung von Übelständen und mehr protestantische Männer in die Umgebung des Königs. Als dieser Schwierigkeiten machte, bewilligte es die üblichen Einkünfte nur auf ein Jahr und wurde aufgelöst. Mit verstärkter Opposition trat das neue Parlament 25 auf, erhob Anklage gegen Karls ersten Berater, den vor kurzem erst zum Herzog von Buckingham erhobenen George Villiers, und ward aufgelöst (Juni 26). Aber auch die Petition of rights des dritten Parlaments, Cokes Werk (Steuererhebung nie ohne Parlamentsbewilligung, Unverletzlichkeit der persönlichen Freiheit der Bürger), mit deren Anerkennung sich Karl Steuern für fünf Jahre erkaufte (28), brachte nichts grundsätzlich Neues. Kritisch wurde hingegen die Lage 1628 und 29 dadurch, daß der König die beiden Heißsporne Thomas Wentworth und Bischof William Laud in seine nächste Umgebung zog. Die drei Männer führten 11 Jahre lang eine parlamentlose Regierung mit Sternkammer und Hoher Kommission; Wentworth wurde 32 Statthalter von Irland, Laud 33 Erzbischof von Canterbury. Laud arbeitete an der Errichtung einer jeder Einwirkung des Parlaments entzogenen Kirche, in der evangelische Seelsorge, Predigt und Lehre verboten wurden; er führte geistliche Gerichtshöfe ein, überwies den Bischöfen die Aufsicht über die Presse und zog immer mehr Bischöfe in den Geheimen Rat. Die Unterdrückung nonkonformistischer Gottesdienste auch außerhalb der Kirche führte zu gesteigerter Auswanderung über See: zwischen 1620 und 40 sind jenseits des Ozeans die Grundlagen für 6 Kolonien gelegt worden.

Die Kolonisation der nordamerikanischen Atlantikküste erfolgte außerhalb der tatsächlichen spanischen Besitzungen, aber die Freibriefe der Könige Jakob und Karl lauteten in einigen Fällen auf einen bestimmt umgrenzten Küstenstrich und das gesamte Hinterland, dessen Ausdehnung man noch gar nicht kannte.

Die Revolution. Seit 1635 spitzte sich die Lage gefahrdrohend zu: in England machte die eigenmächtige Erhebung einer neuen Steuer, des „Schiffsgeldes", böses Blut, und in Schottland suchte die Regierung von London aus durch das book of canons die eingewurzelte presbyterianische Kirche zu unterdrücken. Diese Bestrebungen, das englische System, wie es augenblicklich war, auf Schottland auszudehnen, nahm neue Formen an, indem 36 die Anerkennung des kgl. Supremats gefordert und 37 eine romanisierende Liturgie eingeführt wurde. Die Antwort der Schotten war ein neuer Covenant 1638, in welchem sich alle Stände zur Wahrung der alten Reinheit und Freiheit des Evangeliums zusammenschlossen. Der König löste die Kirchenversammlung zu Glasgow auf; sie tagte aber weiter und erklärte die Bischöfe englischer Observanz für abgesetzt. Damit begann der schottische Aufstand (38—40). Wentworth drängte zum Krieg und wurde 39 zum „Earl of Strafford“ erhoben. Er bildete irisch-keltische Regimenter und riet angesichts der Erhebung in Schottland, wo man nun auch zu den Waffen griff, dem König, das Parlament zwecks Bewilligung von Sondersteuern zu berufen.

Das Parlament machte Bewilligungen abhängig von vorheriger Abstellung von Mißbräuchen, deren inhaltsreiche Aufzählung, die zu einer einzigen Anklage wurde, nach den langen 11 Jahren nicht schwer war. Es wurde daher nach nur drei Wochen (13. 4.—5. 5. 40) aufgelöst. Nur die Konvokation der Geistlichen tagte weiter und beschloß, die Bevölkerung zu einem Eid zu zwingen: Lehre, Disziplin und Regierung, wie sie zur Zeit in der Kirche in England bestehen, sind zur Seligkeit notwendig, und niemand wird den Versuch machen, „an der Regierung dieser Kirche durch Erzbischöfe, Bischöfe, Dekane, Archidiakone etc.“ etwas ändern zu wollen. Da rief die aufgepeitschte Opposition die Schotten, und schottische Truppen marschierten über die Grenze.

Das nun unvermeidlich gewordene neue Parlament (3. 11. 40) fiel begreiflicherweise radikal aus; Puritaner und Independenten hatten erdrückende Majorität. Es zerschlug zunächst die wichtigsten Machtmittel der Krone, Sternkammer und Hohe Kommission, machte die Erhebung aller Zölle und Steuern von parlamentarischer Genehmigung abhängig und setzte nicht weniger als 40 Untersuchungskommissionen ein. Ein Aufstand in Irland, dem Tausende englischer Grundherren zum Opfer fielen, stärkte (Okt. 41) die Position der Radikalen, die zudem in der leidenschaftlichen Parteinahme der Londoner Bevölkerung Stütze erhielt. In der Großen Remonstranz (Nov. 41) erhoben sie Vorwürfe gegen den König, forderten Abhängigkeit des Beamtentums vom Parlament, Auflösung der Episkopalkirche — Wentworth wie Laud waren schon 40 in Anklagezustand versetzt worden — und bald auch den Oberbefehl über das Heer. Der König ließ sich mit dem Versuch, einige

Ständevertreter im Sitzungsraum zu verhaften, zu einem Verfassungsbruch hinreißen und floh nach Nordengland. Beide Parteien fingen an, eine Truppe aufzustellen; die Bevölkerung des Landes spaltete sich in „Kavaliere“ der Königspartei und „Rundköpfe“ der Parlamentspartei. Letztere zog auf Grund des gemeinsamen Presbyterianismus die Schotten hinzu. Deren schon beginnende Niederlage bei Marston-Moor (2. 7. 44) verwandelte Cromwell in einen Sieg.

Cromwell, 45jähriger Landwirt, dem linken Flügel der Puritaner, also den Independenten angehörig, seit 1628 im Parlament, Schöpfer einer auf straffster Zucht und alttestamentlicher Frömmigkeit aufgebauten Truppe, nutzte die ihm nach dem Siege übertragene Neubildung des ganzen Parlamentsheeres zum Ausbau der Machtstellung der Independenten in Heer und Beamtentum. Auf dem Schlachtfeld (Nasby 14. 6. 45) krönte der Erfolg sein Werk. Die murrende Unzufriedenheit des zur Seite geschobenen Presbyterianismus erweckte im geschlagenen König den Gedanken, bei den Schotten Zuflucht finden zu können. Aber 400 000 Pfund schlugen eine Brücke, Karl wurde an das zum guten Teil noch presbyterianische Parlament ausgeliefert. Von dem Gefangenen glaubte die radikale Partei die Übertragung der Gewalt über den Staat erreichen zu können. Aber der König versagte sich dieser Scheinlegalisierung. Nun griffen die Radikalen im Heer zur Gewalt und marschierten in London ein; die gemäßigte presbyterianische Partei räumte das Feld. Einig im Royalismus, organisierten Episkopalisten und Katholiken zugunsten des Königs Wehrverbände. Selbst Cromwell schwankte und ließ den König entwischen. Dieser suchte die Schotten gegen Anerkennung des Covenant (!) für sich zu gewinnen. Aber Cromwells Sieg bei Preston (17./18. 8. 48) entschied über Königtum und Parlament. Zuerst wurde dieses geköpft (7. 12. 48) durch Verhaftung von 81, Flucht von 60 Mitgliedern, dann der

König (30. 1. 49), schließlich das Oberhaus (6. 2. 49). Ein Rumpfparlament (48—53) blieb.

Cromwells Regierung (1649—53—58) stand vor außerordentlichen Schwierigkeiten. Die Beseitigung des Königs Karl hatte zur Folge, daß Zar Alexej von Moskau jeden Handelsverkehr der Engländer in seinem Reich verbot, — ein empfindlicher Ausfall, ganz abgesehen von der Auswirkung auf die internationale Einschätzung des neuen Englands überhaupt. Weder Irland noch Schottland anerkannten die Aufhebung des Königtums (7. 2. 49) und die Umformung der Monarchie in ein Common wealth (Freistaat, 19. 5. 49). Zwar wurden die seit 41 aufständischen Iren zugunsten puritanischer Bodengewinner blutig niedergeworfen; zwar wurden die Schotten, die Karl den Jüngeren als König von England ausriefen, bei Dunbar geschlagen und ihr Vormarsch auf London bei Worcester (3. 9. 50 und 3. 9. 51) zur Umkehr gezwungen; aber die unentbehrlichen Geldgeber hatten die Stuarts nicht stürzen helfen, um deren Absolutismus gegen eine Militärdespotie einzutauschen. Und das „Volk", in dessen Namen der Diktator handelte, bestand wesentlich aus dem Heer von 30 000, später sogar 40 000 Mann, das nicht in den Rahmen einer englischen, auf dem Majoritätsgedanken aufgebauten Verfassung paßte, konnte aber nicht entbehrt werden mit Rücksicht auf Schotten, Iren und Royalisten und erforderte Unterhaltsgelder. Sie wurden z. T. durch Zwangsgelder aufgebracht, die man den ehemaligen Kavalieren auferlegte und durch deren Höhe diese genötigt waren, ihren Grundbesitz ganz oder zum größten Teil zu veräußern. Aber diese Revolution der Bodenbesitzverhältnisse schuf nun wieder Haß und Rachebedürfnis bei den Betroffenen und versöhnte nicht mit der neuen Situation.

Als das Rumpfparlament Miene machte, eine dem Diktator nicht genehme Wahlordnung zu schaffen, löste Cromwell es auf (20. 4. 53). Dann versuchte er mit einem durch seinen Armeerat ernannten Scheinparlament (4. 7. 53 bis Dez. 54) eine neue Verfassung (Protektor, Staatsrat, Parlament mit Beschränkung seiner Befugnisse auf Finanzwesen und Gesetzgebung); dieses sog. Barebone-Parlament ist also eine wirkliche Constituante gewesen. Aber das nach dieser Ordnung gewählte Parlament (3. 9. 54 bis 22. 1. 55) mit irischer und schottischer Beteiligung (je 30 Vertreter) wünschte aufs neue zu konstituieren und wurde aufgelöst. Nun lastete 1$^3/_4$ Jahre die Militärdiktatur auf dem Lande, wider Willen die Opposition stärkend. Dann aber wurde doch eine zweite verfassunggebende Versammlung berufen. Bei ihrem Zusammentritt (17. 9. 56) vom Diktator von 500 auf 300 Männer reduziert, beschloß sie Zweikammersystem unter Fernhaltung des legitimen Royalismus, dreijährige Legislaturperiode, Restitution des Königtums in Cromwells Person. Aber die Annahme der Krone hätte das Heer dem Diktator entfremdet; dieser Punkt fiel also weg. Das hiernach (Jan. 58) zusammentretende Parlament mit 70-köpfigem Oberhaus lehnte die Verfassung von 56 ab und wurde heimgeschickt (4. 2. 58). Sieben Monate später befreite ein natürlicher Tod den „Lordprotektor" von der Gefahr, Opfer royalistischer Attentate zu werden, die sich seit 56 gehäuft hatten, deutliche Kennzeichen der marschierenden Reaktion (3. 9. 58).

Die Reaktion (1658—88). Wesentlich das Ausscheiden der persönlichen Energie Oliver Cromwells und in deren Folge die Kopflosigkeit des Heeres, haben der Reaktion den Weg freigemacht. Das von Richard Cromwell berufene Parlament wurde (Apr. 59) vom Heer verjagt und durch das ehemalige Rumpfparlament ersetzt. Gebrochen dankte Richard ab (25. 5. 59). Das Chaos war vollkommen. Rumpfparlament und Staatsrat wurden vom Armeerat nach Hause geschickt (13. 10. 59) und durch einen Sicherheitsausschuß der Offiziere ersetzt. Da rückte Olivers schottischer Staathalter General Monck mit Truppen ein und berief, der öffentlichen Meinung entsprechend, das Lange Parlament von 1641 (Jan. 60). Dies ordnete Neuwahlen an und löste sich auf (16. 3. 60).

Das neue, überwiegend royalistische, zweikammerige Parlament (25. 4.) holte die große Versäumnis von 1603 nach: es ließ sich zunächst von dem in Holland weilenden Erben Karl die Verfassung garantieren und lud dann den Prinzen ein, den Thron seiner Väter einzunehmen. Der 30jährige hatte ein lehrreiches Leben hinter sich: nach der Hinrichtung des Vaters hatte er in Frankreich den Königstitel angenommen, war 50 in Schottland aufgetaucht, 51 dort auch gekrönt, aber nach der Niederlage bei Worcester (3. 9. 51) zum zweiten Male nach Frankreich entkommen. Von Holland aus, wo er bei seinem Neffen, dem Prinzen Wilhelm von Oranien (10jährig) weilte, hatte er schon länger mit Monck in Verbindung gestanden und kehrte nun (29. 5. 60) zurück. Der Restitution des Königtums der Stuarts folgte nach Jahresfrist (Mai 61) unter Beschränkung der Zahl der bäuerlichen Grafschaftsvertreter auf ein Fünftel der Parlamentsmitglieder die Wahl des sog. Restaurationsparlaments (61—79) und die Wiederherstellung der Episkopalkirche (61). Elf Jahre kamen König und Parlament miteinander aus. Erst als Karl, finanziell und weltanschaulich abhängig von Ludwig XIV., durch die „Indulgenzakte" vom März 72 (Aufhebung aller Strafbefehle gegen Nonkonformisten) zu katholisieren anfing, traten die Themen der ersten Stuartzeit wieder in den Vordergrund. Der Thronfolger ging eben jetzt offen zur römischen Kirche über.

Das Parlament antwortete zunächst 1673 mit der Testakte (Beamtenfähigkeit nur auf dem Boden der Episkopalkirche), wurde aber, als es von da aus die Thronfolge Jakobs in Zweifel zog, aufgelöst (24. 1. 79). Das neue Parlament stellte das Menschenrecht auf persönliche Freiheit durch die Habeascorpus-Akte unter gesetzlichen Schutz und wurde sofort aufgelöst. Das nächste Parlament, zu dem man erstmalig nach den Parteien der Tories und der Wighs wählte (80), wurde aufgelöst, weil Unter- und Oberhaus sich über die Thronfolgefrage nicht einigen konnten. Französische Hilfsgelder machten den König zwar für einige Jahre von Bewilligungen unabhängig, aber damit wurde die Lage der Krone im Grunde nur schwieriger. So hinterließ sie Karl seinem Bruder Jakob II., der trotz seines Katholizismus zunächst hingenommen wurde; war er doch mit 53 Jahren ohne männlichen Erben. Kronprätendenten fanden Anhang, und die Gerichte hatten zu tun; aber es gab keine Revolution. Eine neue „Indulgenzakte" vom 4. 4. 87 machte den Katholizismus unter Aufhebung aller entgegenstehenden Gesetze zur erlaubten Religion, aber alles blieb ruhig im Lande. Erst die Geburt des Thronfolgers (10. 6. 88) veranlaßte sieben Führer beider Parteien des Parlaments zu der bekannten Einladung an des Königs Schwiegersohn, Wilhelm III. von Oranien. Sein Calvinismus empfahl ihn ebenso wie die Feindschaft gegen Ludwig von Frankreich. Nicht deutlicher kann der Sieg des Parlaments als einer englischen Rechtsinstitution beleuchtet werden als durch die Parole, mit der Wilhelm Englands Boden betrat: „für ein freies, gesetzliches Parlament".

c) **Die englischen auswärtigen Beziehungen in der Stuartzeit.** Seit dem Frieden mit Spanien (1604) hatte England bis zu Cromwells Navigationsakte infolge inneren Inanspruchgenommenseins wenig aktive Außenpolitik und diese ruhmlos. Nicht siedelnd, nur handeltreibend betätigte sich die Ostindische Kompanie an den Küsten Südasiens. 1602 trat dort holländische Konkurrenz auf, 1612 dänische, 1617 schwedische, endlich 64 auch französische. 1609 war die Ostindische Handelskompanie von Jakob aufs neue privilegiert worden; sie brach, von englischen Kriegsschiffen unterstützt, durch ein Seegefecht vor den Taptimündungen 1612 den Widerstand der Portugiesen, erwirkte durch Verhandlungen mit dem Großmogul die Erlaubnis zur Faktoreigründung in Surat und erhöhte noch im gleichen Jahre ihr Gesellschaftskapital auf 400 000 Pfund. Selbst in Agra durfte eine Handelsniederlassung errichtet werden.

Zu ernsten Schwierigkeiten führten die jungen indischen Interessen mit Holland. In Ambonia ließ die holländisch-ostindische Kompanie 18 Engländer wegen Verschwörung 1623 hinrichten. Der holländische Widerstand gegen englische Faktoreien an der Ostküste Vorderindiens trug dann zu jener Verschärfung der Beziehungen bei, der Cromwell 1651 durch die Navigationsakte drastischen Ausdruck gab. In dem ersten Seekrieg mit Holland (52—54) führten die Seeschlachten bei Northforeland (Juni 53) und bei Scheveningen (Aug. 53), da Holland die Stuarts gegen Cromwell auszuspielen drohte, zum Kompromißfrieden von Westminster (Apr. 54): Holland verstand sich zur Anerkennung der Navigationsakte, zum Ausschluß aller Oranier von Staatsämtern und militärischen Kommandos sowie zu einer Geldzahlung von 900 000 Pfund.

Schon 1655 schloß sich Cromwell dem nun schon 20jährigen Krieg Frankreichs gegen Spanien an, der Spaniens Seegeltung endgültig vernichtete und den Engländern 58 Jamaika einbrachte.

Auch Karl II. hat gegen Holland Krieg geführt. Der erste (1664—67) war seinem ozeanischen Ursprunge nach reiner Wirtschaftskrieg. Monck erklärte schon 62: „Was kommt es auf diesen oder jenen Kriegsgrund an? Was wir brauchen, ist ein Stück mehr von dem Handel, den die Holländer jetzt haben." Ohne Kriegserklärung besetzte die englisch-westindische Kompanie die holländischen und schwedischen Siedlungen in Nordamerika, im Kanal wurden 130 holländische Schiffe aufgebracht, umgekehrt taten die Holländer besonders im Westindischen Meer den Engländern allen möglichen Schaden; bei Gibraltar überfielen Engländer den holländischen Smyrna-Konvoi. Jetzt erst erklärte Holland (Jan. 65) Krieg. Er wurde aus Rücksicht auf Ludwigs XIV. Ausgreifen nach den spanischen Niederlanden abgebrochen.

Um die niederländische Frage drehte sich seitdem lange Zeit die Außenpolitik: der Holländer Jan de Witt verstand es, hier zum ersten Male die Einheitsfront Holland—England herzustellen (1668—70 Tripelallianz unter Beteiligung Schwedens). Aber die Geldbedürftigkeit Karls II. und die gleichgerichtete Religionspolitik der Könige an der Themse und an der Seine zog den Stuart 1672 wieder auf die französische Seite und verwickelte England (72—74) in den dritten Krieg gegen Holland in 25 Jahren. Er verursachte in den indischen Gewässern die empfindlichsten Geschäftsverluste. Eine schwere Niederlage zur See an der Küste von Suffolk und die Handelsstörungen in allen Meeren bedeuteten einen argen Prestigeverlust, und gegen erneute Anerkennung der 1660 aufgefrischten Navigationsakte schied Karl II. vom Kriege aus (März 74). In dem nun nur mit Frankreich zu führenden Krieg wurde der 1650 geborene Wilhelm von Oranien Hollands Retter; nach dem Frieden von 74 machten die dankbaren Generalstaaten die ihm bei Kriegsausbruch verliehenen Würden und Ämter als Statthalter, Generalkapitän und Großadmiral erblich. Drei Jahre später heiratete er Maria Stuart, Jakobs II. Tochter.

d) **Zur Geistesgeschichte des XVI. und XVII. Jahrhunderts.** Aus der großen Fülle bedeutender Köpfe seien nur die wichtigsten herausgehoben. John Colet (gest. 1519) errichtete in London eine große Musterschule im Geiste der Synthese zwischen Bibel und altklassischer Literatur; seit 1498 war er befreundet mit Erasmus und Thom. Morus. Des Humanisten Morus in alle Kultursprachen übersetzte „Utopia" von 1516 erhielt 1656 ein Seitenstück in dem Staatsroman Oceana von Harrington. Zu der Bibelübersetzung Wiclifs von 1380/88 trat rund anderthalb Jahrhunderte später (1525 NT, 30—35 AT) diejenige Tindals, Denkmäler der englischen Sprachgeschichte. In der Geschichtsschreibung stand England während des 16. Jahrh. hinter Frankreich, Italien und Deutschland weit zurück; doch sei erwähnt, daß die chronicles of England, Scotland and Ireland, verfaßt 1577 von den Geistlichen Hollinshed (gest. 1580) und Harrison (gest. 1593), ebenso die Hauptquelle für Shakespeares Königsdramen wurden wie Norths Plutarchübersetzung von 1579 für des Dichters Römerdramen. Der elisabethanischen Zeit gehörte der Schauspieler, Dichter und Psychologe William Shakespeare (1564—1616) an, dessen 37 Dramen und andere Werke später in alle Kultursprachen der Welt übersetzt wurden und dem nicht nur die deutsche Bühnendichtung, sondern auch die deutsche psychologisierende Geschichtsschreibung verpflichtet ist. Sein Zeitgenosse Napier (1550—1617), ein Schotte, gab 1614 der Welt die Logarithmen; und Francis Bacon (1561—1626) wurde der theoretische Begründer einer modernen Lehre vom Wesen der Wissenschaft und stellte ihr die praktische Aufgabe der Steigerung des Lebensglückes der Menschheit. William Harvey (1578 bis 1658) lehrte seit 1619 den Blutkreislauf. Als Hauptvertreter einer jüngeren Generation: Herbert von Cherbury (1581—1648), der Verkünder einer über allen geschichtlichen Religionen stehenden natürlich-vernünftigen Religion, in der alle Menschen übereinstimmen könnten; und Thom. Hobbes (1588—1679), der Übersetzer des Homer und Thukydides, der Säkularisator der Moral und der Schöpfer des Gedankens einer aus wildestem Urzustande zu geordneten Verkehrsformen zu entwickelnden menschlichen Gesellschaft. Von den innerpolitischen Kämpfen des 17. Jahrh. beherrscht war John Milton (1608—74, seit 54 erblindet), nicht nur der Dichter des ebenfalls der Weltliteratur angehörenden „Verlorenen Paradieses“ (1665), sondern auch der Verteidiger der Pressefreiheit (1644 Areopagitica), und der Hinrichtung Karls I. (1649 The tenure of kings and magistrates; 51 Pro populo anglicano defensiv, 54 Defensio secunda; 54 Defensio pro se); Milton schrieb (1670) auch eine History of Britain bis 1066 und zwei erst nach seinem Tode erschienene Arbeiten, nämlich (1681) eine Geschichte des Langen Parlaments und (1682) eine Brief history of Moscowy. 1660 ist die Kgl. Gesellschaft der Wissenschaften gegründet worden, die seit 66 ihre Philosophical Transactions erscheinen ließ. 1668 wurde der Astronom Wren (1632—1723) als Oberaufseher der kgl. Bauten mit der Wiederherstellung Londons beauftragt; er führte 1675—1710 die mächtige St.-Pauls-Kathedrale auf. 1676 wurde Flamsteed erster Direktor der von ihm 1671 errichteten Greenwicher Sternwarte. John Locke (1632—1704) ist durch seine zahlreichen Schriften einer der wirkungsvollsten Erzieher im westeuropäischen Kulturkreis geworden. Mit dem „Grundgedanken von dem Recht jedes einzelnen auf intellektuelle Freiheit, auf das Handeln nach eigener vernunftgemäßer Entscheidung", wurde Locke einer der wichtigsten Vertreter der werdenden Aufklärung. „Seine Abhandlungen über die Regierung bereiten die Theorie des politischen Liberalismus, seine Schrift über die Vernunftgemäßheit des Christentums die natürliche Religion, seine Gedanken über Erziehung die rationelle natürliche Pädagogik, seine Betrachtungen über das Münzwesen die volkswirtschaftlichen Lehren von Adam Smith vor, wie seine Briefe über die Toleranz den religiösen Frieden eindrucksvoll predigen" (Überweg-Heinze III, 1914, S. 190). Lockes Freund Rob. Boyle (1626—91) begründete durch empirische Forschung die wissenschaftliche Chemie. Die Historiographie erfuhr durch die Parteikämpfe der Stuartzeit eine unverkennbare Belebung. Besonders sei auf die zahlreichen Arbeiten William Cambdens (1551—1623) verwiesen, der 1622 eine besondere Professur für Geschichte in Oxford stiftete.

V. Das XVIII. Jahrhundert: Innere Beruhigung, Machtkampf mit Frankreich, neue wirtschaftliche und gesellschaftliche Verhältnisse (1688—1815)

1. Der Charakter des Zeitabschnitts

Die Einheit des Zeitabschnitts ist unter außenpolitischem Gesichtswinkel gewonnen: die 127 Jahre haben zum Hauptinhalt den fast ununterbrochenen Machtkampf zwischen England und Frankreich um die Herrschaft über die Rohstoffquellen und Absatzmärkte der Welt.

Auch innenpolitisch hebt sich der Zeitabschnitt nach beiden Seiten als Einheit ab, sofern er eine völlige Klärung aller strittigen Fragen zugunsten des Parlaments bringt.

Unter Berücksichtigung eines anderen Vorganges freilich ist ein tiefer Einschnitt in diese 127 Jahre unverkennbar: in der zweiten Hälfte des 18. Jahrhunderts setzte gerade und zuerst in England jene Revolution aller Produktionsverhältnisse ein, die in ihren wirtschaftlichen und erst recht in ihren gesellschaftlichen Folgen eine durchaus neue Zeit heraufführte und unsere Gegenwart selbst noch in der Mitte des 20. Jahrh. im tiefsten bestimmt: es handelt sich um die Anfänge des Industriezeitalters mit all seinen Neben- und Folgeerscheinungen.

2. Die innere Beruhigung

Die Bevölkerung Englands betrug gegen 1700 etwa 5 1/2 Millionen; dazu kamen in Schottland rund 0,9, in Irland 1,3 Millionen. Sie wird für die Jahrhundertmitte für alle drei Länder zusammen auf etwa 9, für 1793 aber schon auf 14 Millionen geschätzt. Man erhält für 1688 schon leidlich genaue Angaben über die soziale Gliederung der Bevölkerung Englands. Sie hatte 1,4 Millionen Stadtbevölkerung; davon entfielen allein auf London mehr als die Hälfte, 530 000 Bürger. So groß also das Übergewicht Londons gegenüber allen anderen „Städten“ zusammen war, so groß war andererseits die Masse der ländlichen Bevölkerung mit ihren 4,1 Millionen. Dabei ist wichtig, sich gegenwärtig zu halten, daß gerade derjenige Teil der industriellen Produktion, von dem dann die erwähnte Revolution ausgegangen ist, seinen Sitz auf dem Lande, in den Dörfern hatte, damals noch ganz in Form von Haus- und Familienindustrie.

London selbst hatte 1665 und 66 zwei schwere Katastrophen zu überstehen, die freilich wie reinigende Gewitter gegenüber der Vergangenheit wirkten: die Pest, der 68 000 Menschen zum Opfer fielen, und den großen Brand, der mit 13 200 Häusern aufräumte. Vielleicht eben darum hatte die Stadt bald nach 1700 sogar 700 000 Einwohner.

Als Grundlage zu einer Vorstellung von der sozialen Struktur der Bevölkerung Englands mögen folgende Zahlen dienen. Landarbeiter und ländliche Kleinstwirtschaften 400 000; Arbeiter und Dienstleute 364 000; Bauern 150 000; Ärmere Freisassen 120 000; ferner 60 000 Handwerker, 50 000 Händler und Ladenbesitzer, 50 000 Seeleute, 30 000 reichere Freisassen, 35 000 Soldaten, 30 000 Vagabunden (!), 15 000 freie Künstler und Wissenschaftler, 12 000 freie Bürger, 10 000 Richter, Anwälte und ähnliche, 8000 kleiner Überseehandel, 8000 niederer Klerus, 5000 niederes Beamtentum, 5000 höheres Beamtentum, 5000 Marineoffiziere, 4000 Offiziere des Landheeres, 3000 niederer Adel, 2000 Großhandel über See, 2000 hoher Klerus (!), 800 Barone, 600 Ritter, 160 weltliche und 26 geistliche Lords (!).

Diesem Zeitabschnitt ist im Unterschied von allen früheren keine Dynastiebezeichnung mehr gegeben worden. Das entspricht dem Wandel der Verhältnisse: der Schwerpunkt des Staatslebens ist von der Krone nach dem Parlament verschoben.

Vor 1707 entsandten aus England 40 Grafschaften 82 Vertreter, und 203 Ortschaften einschl. der 2 Universitäten 407; dazu aus Wales 12 Grafschaften und 12 Städte je einen: zusammen 513 Unterhausmitglieder. Bei der Union mit Schottland (1707) vermehrte sich das Oberhaus um 16, das Unterhaus um 45 Vertreter.

Aktives und passives Wahlrecht war an Grundbesitz gebunden. Auf dem Lande wurde ein Mindesteinkommen von 40 Schillingen und vorherige restlose Bezahlung aller öffentlichen Abgaben sowie mindestens Einjährigkeit des Grundbesitzes vorausgesetzt. In der Stadt besaßen aktives Wahlrecht entweder nur die Mitglieder des Stadtausschusses oder nur die Mitglieder der Zünfte oder nur die steuerzahlenden Besitzer eigenen Haushaltes oder Besitzer freien Bodens. Das war örtlich verschieden.

Die Wahl, weit davon entfernt, frei zu sein, stand unter dem Einfluß der Patronage, d. h. einflußreiche Personen oder Familien besaßen das Recht, einem bestimmten Wahlbezirk einen Kandidaten aufzudrängen.

Die Wählbarkeit war an die Fähigkeit des Kandidaten zur Tragung der oft recht hohen Wahlkosten und auf dem Lande an ein Mindesteinkommen von 600 Pf. St., in den Städten an ein solches von 300 Pf. St. aus Landbesitz geknüpft (1710). Daher war das englische Parlament des 18. Jh. eine der Plutokratie nahestehende Gesellschaft, an deren Entstehen „das Volk“ nur geringen, an deren Bestehen es keinen Anteil hatte.

Mit der gesellschaftlichen Geschlossenheit der Parlamentsmitglieder hing zusammen, daß es sich damals bei ihrer Aufspaltung in zwei Parteien nicht um Wahrnehmung der Interessen verschiedener soziologischer Schichten der Bevölkerung handelte, sondern um staats- und kirchenpolitische Fragen. Erst im 19. Jh. wurde das anders.

Das Wesen des Parlaments nach seiner rechtlichen Seite wird auch noch und erst recht für diese Zeit gekennzeichnet durch eine Definition, die aus dem Ende der elisabethanischen Zeit stammt. „Die höchste und absolute Gewalt im Königreich ruht bei dem Parlament. All das, was durch seine Zustimmung erlassen ist, wird als fest, stabil und heilig bezeichnet und ist recht. Das Parlament ändert alte Gesetze ab, macht neue, gibt Anordnungen für vergangene Dinge und für zukünftige, ändert Recht und Besitz von Privatpersonen, legitimiert Bastarde, etabliert Religionen, ändert Maße und Gewichte, bestimmt die Thronfolgeordnung, definiert zweifelhafte Rechte, über welche kein Recht gemacht ist, bestimmt Beihilfen, Abgaben, Taxen und Auflagen, erteilt Pardon und Absolution, restauriert als der oberste Gerichtshof das Blut eines bürgerlichen Toten und seinen Namen, verurteilt oder absolviert alle, die der König vor das Gericht gestellt hat ... Das Parlament von England repräsentiert das ganze Reich und hat Gewalt für das ganze Reich, sowohl für sein Haupt als auch für seinen Körper; denn jeder Engländer wird als darin anwesend gedacht ..., welchen Standes, welcher Würde oder welcher Eigenschaft er auch immer teilhaftig sein möge, vom König herab bis zur niedrigsten Person in England, und die Zustimmung des Parlaments wird als die Zustimmung von jedermann angesehen" (zitiert nach Hatschek S. 390).

Die im Vergleich zum 17. Jh. eintretende Wandlung ist am deutlichsten an der Geschichte des Kabinetts zu verfolgen. Das Kabinett, eine Bildung erst des 17. Jh., ist nicht mit dem Staatsrat alten Rechts (privy council) zu verwechseln. Entsprechend seiner Neigung zum Absolutismus sammelte zuerst Karl I. im Bedarfsfalle einen außergesetzlichen Kreis von persönlichen Beratern; er entwickelte sich unter Karl II. als cabinet council zu einer ständigen Einrichtung, aber noch als freie Schöpfung des Monarchen. Wilhelm III. bildete das Kabinett aus höheren Beamten, aber immer drängender wurde die Frage, wie eine Verständigung zwischen diesem Kreise kgl. Beamter und dem Parlamente zu bewerkstelligen sei. So entstand die Praxis, in das Kabinett Männer zu berufen, die das Vertrauen des Königs und zugleich dasjenige einer Parlamentsmehrheit besaßen, Das wurde um so notwendiger, als Georg I., in seiner Englandfremdheit den Sitzungen des Ministerkabinetts fernzubleiben pflegte: Walpole (1721—42) wird als der erste eigentlich parlamentarische Minister betrachtet. — Ende des Jahrhunderts war das Kabinett eine von der jeweiligen Parlamentsmehrheit abhängige Institution, an der die Krone noch mit dem formellen Berufungsrecht beteiligt war. Georgs III. absolutistische Neigungen haben den Prozeß nur noch beschleunigt. Mit diesem Ergebnis einer etwa 170jährigen Entwicklung hat dann England auf dem Kontinent Schule gemacht.

Die innere Beruhigung ist wesentlich in Wilhelms III. Zeit begründet worden. Das Konvokationsparlament vom 22. Jan. 1689 legte in der Declaration of Rights vom 28. Jan. auf allen Seiten des öffentlichen Lebens die Bedingungen fest für das fernere Zusammenarbeiten der regierenden Gewalten: unverbrüchliche Bindung der Krone an die Gesetze, Bindung des Steuererhebungsrechtes der Krone in vollem Umfange an das Parlament, Freiheit der Parlamentswahlen und Redefreiheit im Parlament, Petitionsfreiheit, Genehmigung stehenden Heeres im Lande durch das Parlament. Erst nachdem Wilhelm und Maria die Wahlkapitulation anerkannt, verfügte das Parlament am 13. Februar zu ihren Gunsten über den Thron. Das nun ordnungsmäßig berufene Parlament regelte die Kirchen- und Konfessionsfrage im Sinne eines Kompromisses zwischen Hochkirche und Toleranz für die protestantischen Nonkonformisten und erhob die so ergänzte Deklaration im Dezember als Bill zum verfassungsmäßigen Gesetz. Damit hörte das mittelalterliche Henken, Köpfen oder Verbrennen von Menschen um ihrer religiösen und politischen Überzeugung willen endlich auf. Diese Toleranzakte von 1689 hat übrigens ihren Vorgänger in dem um 41 Jahre älteren Westfälischen Frieden. — 1694 wurde die Zensur grundsätzlich aufgehoben, jährliche Bewilligung der Zivilliste des Königs, dreijährige, seit 1716 siebenjährige Parlamentsperiode mit jährlichem Sitzungsrecht wurde festgelegt.

Zur inneren Beruhigung war auch eine Regelung der Thronfolge erforderlich. Wilhelms III. Kinderlosigkeit und Marias Tod rückten die Ansprüche der Stuarts wieder in den Vordergrund. Der Möglichkeit einer katholischen Besetzung des Throns begegnete das Parlament im Todesjahr Jakobs II. 1701 mit der Acte of settlement: neben einer Regelung der gesetzlichen Stellung der Richter und der Verantwortlichkeit der Minister vor dem Parlament enthält das Gesetz die Bindung der Krone an die Zugehörigkeit zur anglikanischen Kirche.

Nicht gegen die Stuarts als solche ging das Gesetz, wohl aber gegen die katholische Kirche; die Stuarttochter Anna wurde als Protestantin für die Thronfolge (1702—14) vorgesehen.

3. Die Außenpolitik

Der Oranier Wilhelm III. (1688—1702) gab der englischen Außenpolitik eine ganz andere Richtung, als die letzten Stuarts sie eingeschlagen hatten. Mit Recht hatte besonders der whigistische Teil des Parlaments gefürchtet, daß England durch Karl II. und Jakob II. in Abhängigkeit von Frankreich geraten werde. Wilhelm III. stellte die englische Politik gegen Frankreich ein, zunächst aus kontinentalen Gründen, die in seinem ganzen Werdegang angelegt sind: die Sicherheit Hollands erforderte die Schwächung Frankreichs. Als ihn das Parlament gegen den Schwiegervater rief, war er durch das Augsburger Bündnis von 1686 mit Kaiser Leopold I., König Karl II. von Spanien und Karl XI. von Schweden schon gegen Frankreich eingestellt. In dieses Interesse spannte er England ein. Das war nur möglich, wenn auch in England positive Interessen in dieselbe Richtung wiesen. Diese waren indessen in erster Linie nicht kontinentaler Art, sondern lagen auf den Meeren und jenseits der Meere.

a) **Der neunjährige englisch-französische und der sechzehnjährige südosteuropäische Krieg (1688—97, 1683 bis 1699).** Durch Wilhelm III. wurde England aus der französischen Hörigkeit in einen weitverzweigten Zusammenhang eingeführt. Schon in Wilhelms Augsburger Bund handelte es sich gar nicht mehr um die Pfalz, sondern um die Sicherung Hollands, das doppelt bedroht war, wenn Ludwig am Rhein noch weiterhin festen Fuß fassen konnte. Eben um dieser seiner Rheinpolitik willen, stand Ludwig schon seit Jahren mit der Pforte im Einvernehmen, weil sie die österreichischen Habsburger auf Ungarn ablenken konnte. Ludwigs Verhältnis zu Papst Innocenz XI. war gespannt, Innocenz hielt zu Österreich und war der Vater des Heiligen Bundes (1683) zwischen Leopold und Johann Sobieski, dem Venedig 84, Rußland 86 gegen die Osmanen beitrat. So verklammerten sich in Wien und Rom der südost- und der westeuropäische Krieg. — Im September 88 eröffnete Ludwig den Pfälzischen Erbfolgekrieg, im November landete der schon im Juni eingeladene Oranier in England. Teils durch ihn, teils durch die südosteuropäischen Verflechtungen Leopolds I. wuchs sich der Krieg zu etwas ganz anderem aus, als was er ursprünglich gewesen war. An dieser Ausweitung ist Ludwig XIV. gescheitert. — Seitdem Wilhelm, hauptsächlich durch die Interessen der Whigs begünstigt, England in der Wiener Allianz 1689 dem Augsburger Bund zugeführt hatte, arbeitete er in Wien und Konstantinopel für Abbruch des türkischen Krieges, für dessen Fortsetzung sich Ludwig bei der Pforte ebenso energisch einsetzte. In Wien aber betrieb Peter von Rußland (1689—1725) um seiner Schwarzmeerpläne willen nach Kräften die Fortsetzung des Türkenkrieges; schon Sofia hatte sich bei der Parallelität der russischen und französischen Interessen 1687 durch eine Gesandtschaft mit Ludwig in Verbindung gesetzt. Bei dieser ersten diplomatischen, wenn auch noch so entfernten Berührung Rußlands mit England überschnitten sich beider Interessen: Peter wünschte wegen Asows, daß Leopold an der Donau bei der Stange bleibe, Wilhelm trachtete, den Habsburger ausschließlich am Rhein gegen Ludwig zu haben.

Die durch Wilhelms Landung in England (5. 11. 88) deutlich gewordene Verbindung der Seemächte suchte Ludwig schon neun Tage später durch Kriegserklärung gegen Holland zu parieren. Man vergegenwärtige sich Wilhelms Lage Ende November 1688: Jakob II., vor dem Schwiegersohn flüchtig, fand zu Weihnachten Aufnahme in St. Germain, um jedoch nunmehr zur politischen Schachfigur hinabzusinken: er sollte in Ludwigs Interesse die katholischen Elemente Englands gegen den Oranier aufbringen. Seine Landung in Irland konnte

1689 nicht verhindert werden. Erst am Boynefluß fiel 1690 die Waffenentscheidung gegen ihn und Ludwig.

Wie wenig es sich, von Wilhelm und England aus gesehen, in dem Kriege um die Pfalz handelte, zeigte die Vereinbarung des von sechs Mächten beschickten, 4½ Monate dauernden internationalen Kongresses von Rijswijk 1697, der festlegte, daß die pfälzische Frage nach neunjährigem Kriege — einem Schiedsgericht überwiesen werden sollte! Der westeuropäische Krieg brachte in keiner Beziehung eine Entscheidung; er wurde abgebrochen wegen des Interesses aller Beteiligten an der spanischen Thronfolgefrage. Die Anerkennung Wilhelms als Königs von England wurde von Ludwig nicht eingehalten; er hat die Stuarts doch nicht fallen lassen.

Im Zusammenhang dieses Krieges sei der Errichtung der Bank von England gedacht (27. Juli 1694) als einer auch für die englische Außenpolitik ungemein wichtigen Institution. Die mit dem Recht zu Bankgeschäften ausgestattete Korporation ermöglichte auf dem Wege des Privatkredites, für den der Staat Verzinsung garantierte, die Finanzierung der großen Kriege und begründete ein weitgehendes Vertrauen des Privatkapitals gegenüber dem Staat. Das ursprüngliche Kapital von 1,2 Millionen Pf. St. wuchs unter Überwindung von manchen Anfangsschwierigkeiten bis 1710 auf 5½ Mill. an. Der Staat war ihr Schuldner, ihre Banknoten waren ursprünglich Wechsel. Trotz des geschichtlichen Zusammenhanges mit den früheren montes darf man in der Bank von England die erste gesetzliche Regelung des Verhältnisses zwischen Staat und Privatkapital erblicken. Sie ist für den gesamten westeuropäischen Kulturkreis richtunggebend geworden.

b) **Spanischer und Nordischer Erbfolgekrieg (1701—14, 1700—21).** Der Spanische Erbfolgekrieg war anfänglich nur ein bourbonisch-habsburgischer Waffengang. Die Thronfolge des Bourbonen Philipp in Spanien nach Karls II. Tode 1700 war auch von England und Holland anerkannt worden. Erst die vom spanisch-bayrischen

Statthalter begünstigte Besetzung Belgiens seitens der Franzosen ermöglichte Wilhelm III., England und Holland in der Haager Allianz 1701 mit Österreich zu verbinden und dabei auf seinen schon seit Jahren vertretenen Teilungsplan in veränderter Form zurückzukommen: die europäischen Nebenländer der spanischen Monarchie an Österreich, Spanien, wie schon anerkannt, unter Philipp V., freie Bewegung der Seemächte in der spanischen Kolonialwelt. Ludwigs Antwort erfolgte neun Tage später in der Proklamation Eduard Stuarts zum König von England (Dezember 01).

Ein halbes Jahr später löste der Tod Wilhelms III. (19. 3. 1702) die Personalunion mit Holland. Die geistigen Erben, in England Marlborough, in Holland der Staatspensionär Heinsius, standen in bestem gegenseitigen Einverständnis. Der Herzog beherrschte durch seine Gattin die Königin Anna, durch anderweitige persönliche Beziehungen und als Mitglied des Ministeriums Godolphin das Parlament. Seine militärischen Erfolge in Belgien 1702—03, der durch verständnisvolle Zusammenarbeit mit Prinz Eugen bei Blindheim-Höchstädt 1704 errungene Sieg, der außerordentliche Erfolg bei Ramillies 1706 stärkten seine Stellung ungemein; nach Höchstädt gab Ludwig das rechtsrheinische Deutschland, nach Ramillies Belgien auf. Ein nochmaliger Versuch Ludwigs auf Belgien wurde 1708 von Marlborough und Prinz Eugen bei Oudenarde zurückgewiesen, während eine französische Flotte mit Jakob-Eduard ihren Weg nach Schottland vor dem Admiral Byng unverrichteter Dinge abbrach. Gibraltar und Menorca waren seit 1704 besetzt. Was Wunder, daß die Seemächte bei den Friedensverhandlungen 1709 und 1710 ihre Forderungen aufs höchste schraubten.

Sie scheiterten an dem Ehrbegriff eines Königs. Hinzu kam eine Frauenintrige am Hofe einer Frau. Robert Harley, 1704 Staatssekretär des Äußeren im Ministerium Godolphin, suchte Rache für seine Ausbootung bei der rein whigistischen Umgestaltung des Kabinetts von 1708.

Mit Hilfe der Oberkammerfrau Lady Masham gelang der Sturz der Großmeisterin der Garderobe, d. h. der Herzogin Marlborough, und das Ministerium stürzte hinterher (Aug. 1710).

Aber das toristische Ministerium Harley mit Bolingbroke als Außenminister (1710—14) brachte keine Kursänderung; Marlborough selbst blieb noch volle fünf Vierteljahre im Oberkommando. Der Sinn des ganzen Intrigenspiels wurde erst später deutlich, als Bolingbroke für die Thronfolge des Stuartprinzen offen hervortrat. Friedensverhandlungen hat das neue Ministerium erst ein halbes Jahr nach dem Tode Josephs I. und der Rückkehr Karls VI. von Barcelona nach Wien 1711 geführt, und zwar im Sinne des Programms, das Wilhelm III. immer verfolgt hatte. Der opponierende General wurde einen Monat vor Zusammentritt des Utrechter Kongresses (Jan. 1712—14) seines Kommandos enthoben.

Um was es sich für das englische Volk bei dem Kriege handelte, zeigen die am 11. April 1713 in Utrecht unterzeichneten Friedensbedingungen: Wiederherstellung der Universalmonarchie Karls V. in der Hand Karls VI. ist ausgeschlossen, daher die Anerkennung eines Bourbonen auf dem Throne Spaniens; Ausschaltung eines spanischen wie auch des französischen Einflusses am Kanal und im Mittelmeer durch Übertragung der bisherigen spanischen Außenländer an Österreich, das, seinem Wesen nach kontinental, voraussichtlich durch ost- und südosteuropäische Verwicklungen stark in Anspruch genommen sein wird; Gibraltar und Menorca als strategische Stützpunkte gegen Frankreich vom Süden her; Abtrennung Siziliens aus dem habsburgischen Besitz für den bisher ganz festländischen und nun auf einmal mit maritimen Aufgaben belasteten savoyischen Herzog und nunmehrigen König Viktor Amadeus II. (1675—1730); zum soundsovielten Male Anerkennung der protestantischen Thronfolge in England, d. h. Verpflichtung Ludwigs, die Stuarts fallen zu lassen. Dazu der flächenmäßig ungeheure Landgewinn in Nordamerika (Neufundland,

Neuschottland, Hudsonbailänder, also Grundlage für Kanada). Wichtiger noch der Assiento mit Spanien, demzufolge auf „30 Jahre" das bisher in französischem Besitz befindliche Recht zur Einfuhr von jährlich 4800 Negersklaven nach Spanisch-Amerika auf England übergeht, das auch jährlich mit einem 500-t-Schiff die Messe von Porto-bello in Columbien besuchen darf. England hatte damit die völkerrechtlich anerkannte Monopolstellung eines Mutterlandes für den Seeverkehr mit seinen Kolonien durchbrochen. In diesem Zusammenhang sei auch der andere berüchtigte Handelsvertrag Englands aus dem Spanischen Erbfolgekrieg erwähnt, kraft dessen Portugal sich zur Abnahme englischer Wolle, England zu einer Vorzugszollbehandlung portugiesischer Weine verpflichtete. (Methuen-Vertrag 27. Dez. 1703.) Der Grund zu Englands Übergewicht in der Seefahrt ist eigentlich erst durch den Frieden von Utrecht gelegt worden.

Die Zusammenhänge des Spanischen Erbfolgekrieges mit dem gleichzeitigen Nordischen Kriege sind enger als gemeinhin bekannt. Der Einfall Friedrichs IV. von Dänemark in Schleswig (April 1700) engagierte England als Mitgaranten des Vertrages von Altona (20. 6. 1689), der die Rechte des Hauses Holstein-Gottorp auf Schleswig schützen sollte; und nur dem raschen Sieg des jungen Schwedenkönigs bei Travendal (18. 8. 1700) ist es zu danken, daß England damals am Vorabend der spanischen Verwicklungen nicht tiefer in die Ostseefragen hineingezogen wurde. Nicht nur England in der Person Marlboroughs selbst bemühte sich 1707 bei dem siegreich in Sachsen stehenden Karl XII., auch Ludwig, der seit 1703 die Hände ständig im ungarischen Aufstand gegen die Wiener Habsburger hatte, suchte den Schweden zu gewinnen. Um dann nach der schwedischen Katastrophe von Poltawa (1709) den Kaiser von allzu starker Behelligung mit Reichsangelegenheiten zu befreien und aktionsfähig gegen Ludwig zu halten, schloß England 1710 das Haager Konzert mit Holland, Hannover und Preußen zur Neutralisierung der schwedischen Gebiete in Deutschland. Das hat freilich den Dänen nicht an der Besetzung Holsteins, Bremens und Verdens gehindert.

c) **Die Zwischenzeit bis zum Österreichischen Erbfolgekrieg (1714—40).** Der Utrechter Friede ist der erste Ausdruck der Theorie vom europäischen Gleichgewicht, durchgesetzt gelegentlich einer Niederlage des nach Beherrschung des Kontinents trachtenden Franzosenkönigs, aber auf Kosten der spanischen Monarchie; an den ursprünglichen Wünschen der beiden Hauptgegner gemessen, ein Kompromiß, der seine Ursache in den beiderseitigen finanziellen Anstrengungen hatte.

Der Tod Ludwigs XIV. erleichterte, daß sich die beiden Hauptgegner nun in solchem Ruhebedürfnis zusammenfanden; indessen der Tod der Königin Anna (1. Aug. 1714) brachte gerade England erneute Unruhe, weil Bolingbroke sich nun offen für die Thronfolge Jakob-Eduard Stuarts einsetzte. Schon erhoben sich Schotten unter Graf Mar und dann unter dem Anwärter selbst, in England nahmen Katholiken eine unruhige Haltung ein, der gesetzlich erbberechtigte König von Hannover war noch nicht im Lande. Im Augenblick hing alles von dem Ministerium ab, das Anna unmittelbar vor ihrem Tode auf whigistisches Betreiben hin gebildet hatte. Die sehr deutliche Haltung Georgs, der noch während seiner Überfahrt die Entlassung Bolingbrokes verfügte, und die nicht minder deutliche Flucht des Gestürzten nach dem Ausland schafften Klarheit.

Der Spanische Erbfolgekrieg hat den Utrechter Frieden noch volle fünf Jahre überdauert. Es war zu keinem Abschluß zwischen Karl VI. und Philipp V. gekommen, und besonders des letzteren Minister, der italienische Kardinal Alberoni, lehnte den Übergang der bisher spanischen Besitzungen an Österreich ab. Der Ausbruch eines türkischen Krieges mit Österreich und Venedig (Dez. 1714) begünstigte seine Pläne, er setzte sich mit dem Minister Karls XII. von Schweden, Freiherrn von Görz, und durch diesen sogar mit Jakob-Eduard

Ernst August von Hannover
1679 Herzog von Braunschweig-Calenberg-Hannover
1692 Kurfürst —1698
1658 ∞ Sophie von der Pfalz

Georg I., König 1714—27 von England
Kurfürst von Hannover 1698—1727
∞ Sophia Dorothea von Lüneburg

Sophie Charlotte
∞ Friedrich I.
von Brandenburg-Preußen

Georg II. 1727—60
∞ Karoline von Ansbach

Sophia Dorothea ∞ Friedrich Wilhelm I. von Brandenburg-Preußen

Augusta von Sachsen-Gotha ∞ Friedrich † 1751

Georg III. geb. 1738;
1760—1811—1820
1761 ∞ Charlotte Sophie
von Mecklenburg-Strelitz † 1818

7 Söhne

6 Töchter

Georg IV. geb. 1762
1811—1820—30
∞ Karoline von
Braunschweig † 1821

Charlotte † 1817
∞ 1816 Leopold von
Sachsen-Coburg

Eduard † 1820
∞ Luise Victoria von
Coburg 1780—1861

Victoria geb. 1819
1837—1901
1840 ∞ Albert von
Sachsen-Coburg † 1861

Wilhelm IV.
1830—37

Ernst August
König von Hannover geb. 1771
1837—1851
∞ Friederike von
Mecklenburg-Strelitz

Georg V. geb. 1819
1851—66 König
von Hannover

Stuart in Verbindung. Die Kombination ging noch weiter: während sich die Spanier tatsächlich entgegen dem Utrechter Frieden Sardiniens bemächtigten, suchte Zar Peter von Rußland, dem die englische Ostseeflotte im Wege war, in Paris zum Kriege gegen England zu treiben (1717). Im nächsten Jahre segelte eine schwedische Flotte zugunsten des Stuartprinzen gegen England aus, wurde aber schon bei Stralsund von der englischen Ostseeflotte geschlagen; Alberoni aber besetzte Sizilien. So sind tatsächlich der noch immer währende nordische Krieg und der spanische Erbfolgekrieg unter Beihilfe eines südosteuropäischen Krieges ineinander verflochten. Nur die üble Finanzlage Englands und Frankreichs hat einen einheitlich ganz Europa umfassenden Krieg verhindert.

Der Knoten wurde 1718 gelöst durch den Frieden von Passarowitz (12. 7.), durch die Quadrupelallianz Englands (vom 2. 8.) mit Österreich, Holland und Frankreich (der schon 25. 5. 16 ein Vertrag mit Österreich, 4. 1. 17 je ein Vertrag mit Holland und mit Frankreich vorausgegangen waren) und durch Tod Karls XII. vor Frederikshall (11. 12.). Trotzdem mußte England doch noch mobil machen; erst hart am Rande des Krieges — eine spanische Flotte wurde bei Sizilien im August 18 fast vernichtet, im Januar 19 rückten Franzosen in Spanien ein — ließ Philipp Alberoni fallen und fügte sich der Macht (Dez. 1719). Die neue schwedische Regierung schloß sich zur Deckung gegen Zar Peter eng an England an (1. 2. 20), das nun die weiteren Friedensschlüsse mit Preußen, mit Dänemark und, nach einem Zusammenstoß englischer Kriegsschiffe mit russischen Truppen an der finnischen Küste (1720), auch mit Rußland vermittelte. Der Grundgedanke war hier, wie in Utrecht, der gleiche: Abtrennung des gesamten schwedischen Außenbesitzes. Er ist für die Politik der europäischen Kabinette im 18. Jh. Allgemeingut geworden.

Offen gebliebene Fragen aus den ersten zwei Jahrzehnten veranlaßten damals den internationalen Kongreß zu Cambrai (April 1724—Juni 25). Der Wunsch

Karls VI., aus dem Neubesitz Belgiens welthandelspolitische Folgerungen zu ziehen (Freibrief für eine österreichisch-ostindische Handelskompanie nach Ostindien), stieß auf energischen englisch-französischen Widerstand, betrieb aber die endgültige Verständigung Österreichs mit Spanien und beider Zusammenschluß mit Rußland (Aug. 1726). Auf der anderen Seite der Herrenhäuser Gegenbund (3. 9. 25) mit England-Frankreich als Rückgrat und seit 27 Holland, Dänemark und Schweden als Teilhabern. Schon griff Philipp V. die Engländer in Gibraltar an, englische Kriegsgeschwader waren nach Süden und Osten unterwegs, da brachte Kardinal Fleury im Pariser Vertrag 1727 durch Nachgeben Wiens den ausbrechenden Krieg zur Ruhe; der von Walpole geforderte Preis war Karls VI. Verzicht auf die Ostindische Kompanie.

d) **Österreichischer Erbfolgekrieg und Siebenjähriger Krieg (1740—48, 1755—63).** Die Bezeichnungen, kontinentaleuropäischen Ursprungs, geben die Bedeutung der Verwicklungen für England nur unvollkommen wieder. Für England begann der Abschnitt ununterbrochener Kämpfe 1739 mit einem Krieg gegen Spanien wegen der Ausbeutung des Assiento; er mündete jedoch bald in die kontinentalen Parteiungen ein. Das Auseinandergehen Fleurys und Walpoles 1741 in der österreichischen Frage stellte so ziemlich alle europäischen Gruppierungen auf den Kopf. Für England bedeutete die Teilnahme nichts Geringeres als die Übernahme der Garantie eines Großstaates in Europa. Und doch führte, von Dettingen (1743) abgesehen, England den Kontinentalkrieg überwiegend mit silbernen Kugeln, wie die zahlreichen Subsidienverträge beweisen. Die Verwaltung Walpoles (1721—42) hatte die materiellen Voraussetzungen dazu geschaffen, das war ihre eigentliche außenpolitische Bedeutung. Noch einmal versuchte Frankreich, mit Hilfe eines Stuarts den Krieg auf die Insel zu tragen; es gelang; von Schottland aus stieß Karl Eduard 1745 tief nach England selbst vor; aber als Katholik fand er keinen Boden, das Unternehmen scheiterte bei Cullodon (46). Im gleichen Jahre griff der Krieg nach Indien über. Madras wurde von den Franzosen genommen, in Europa Belgien von ihnen besetzt. Da zog Maria Theresia die Zarin Elisabeth von Rußland in den Krieg, die als Empfängerin englischer Subsidien Österreich rettete und England entlastete (1748). In den sechsmonatigen Aachener Verhandlungen (1748) ergab sich die fast ungeschmälerte Erhaltung der Donaumonarchie im Interesse des europäischen Gleichgewichtes und die soundsovielte Anerkennung der protestantischen Erbfolge in England durch Frankreich. Madras kam im Austausch gegen englische Eroberungen in Nordamerika wieder an England. Aber gerade in Indien ging das Ringen, von Aachen unberührt, in Formen, die durch die dortigen politischen Verhältnisse gegeben waren, weiter. In der aus dem Zerfall des Mogulreiches (seit 1707) hervorgegangenen Vielstaatenwelt orientierten sich die indischen Fürsten englisch und französisch; sie nahmen englische bzw. französische Instrukteure an, und umgekehrt nahmen die europäischen, an den indischen Plätzen stationierten Gouverneure — als erster Dupleix — Eingeborene als Soldaten unter ihre Führung. So wurden die Kämpfe zwischen indischen Herrschern oder zwischen konkurrierenden Thronkandidaten zu solchen der beiden westeuropäischen Mächte um den maßgebenden Einfluß, besonders im Dekhan. Hier erntete Clive 1751—55 seine ersten Lorbeeren, die vom Ministerium Pelham 1754 in Paris erzwungene Abberufung Dupleix bedeutete die Wendung der Einflußverhältnisse zu Englands Gunsten.

In Mittelamerika hatte der neunjährige englisch-spanische Krieg (1739—48) seine Wurzel, in den seit 44 Frankreich eintrat, in einer Reihe nordamerikanischer Streitfragen der englisch-französische (1755—63), in den seit 62 Spanien hineingezogen wurde. Als Frankreich und England sich über Indien verständigten, begannen die englisch-französischen

Feindseligkeiten in Kanada (Herbst 54). Unter starken inneren Spannungen erfolgte am 15. Mai 56 die englische Kriegserklärung. Schwung hat erst William Pitt d. Ä. in die Politik gebracht (20. 10. 56). Für ihn war nach den unrühmlichen Vorgängen bei Hastenbeck (26. 7. 57) und in Kloster Zeyen — der Vertrag vom 8. 9. 57 wurde in London nicht bestätigt — und nach der französischen Niederlage bei Roßbach (5. 11. 57) der europäische Kontinent nur Nebenschauplatz; auf den Ozeanen, in Ostindien und Nordamerika suchte und fand er die Entscheidung. In Indien führten die Kämpfe um Kalkutta zu Clives Sieg bei Plassey (23. 6. 57), zur Einsetzung eines gefügigen Nabobs in Bengalen, die der Moghul von Delhi bestätigte, und zur Übertragung des Steuererhebungsrechtes, zunächst für die Umgebung von Kalkutta, an den englischen Gouverneur. Von da aus erfolgte der Angriff auf die französische Stellung im Dekhan, der den Verzicht des Nizams von Haiderabad auf seine französischen Verbindungen und endlich die Eroberung von Ponditscheri selbst brachte. In Nordamerika kam dem 1759 gleich der Seesieg bei Kap Breton und der Landsieg bei Quebec, an der afrikanischen Küste die Besetzung Senegambiens, an der französischen der Seesieg bei Brest (59), infolge dessen Frankreich von der See so gut wie ausschied. An seine Seite wurde durch den bourbonischen Familienpakt (1761) Spanien gezogen, so daß sich das Kriegsgebiet, sehr zu Englands Gunsten, in die mittelamerikanische Inselwelt erweiterte.

Und doch liegt hier die Peripetie. Der Thronwechsel vom Oktober 1760 bedeutete für Pitt dasselbe wie der deutsche von 1888 für Bismarck. Der 22jährige Georg III. (1760—1820), seit 9 Jahren von seinem Oberkammerherren Bute zur Eigenwilligkeit erzogen und zu persönlicher Politik entschlossen, setzte seinen Erzieher sofort als zweiten Außenminister neben Pitt; Bute verhinderte nach dem bourbonischen Familienvertrag die von Pitt geforderte Kriegserklärung an Spanien und tat nach Pitts Abgang in allem das Gegenteil von dem, was

Pitt getan haben würde; ja, er ließ unterirdisch sogar die französische Regierung wissen, wie sie, um in Deutschland Erfolge zu erzielen, militärisch operieren solle. Nur so ist der angesichts der militärischen Gesamtlage unglaubliche Friedensschluß von Fontainebleau-Paris (1763) zu erklären.

Gewiß, auf Spaniens und Frankreichs Kosten erstreckte sich nun das englische Kolonialreich in Nordamerika bis zum Mississippi. Der nördliche Atlantik war ein englisches Gewässer geworden. In Indien waren die Franzosen auf zwei Plätze beschränkt, der englische Inselbesitz in Westindien war erweitert worden. Aber man hätte, namentlich von Spanien, erheblich mehr haben können, und die 1748 begreifliche, jetzt militärisch durchaus ungerechtfertigte Methode des Austausches eroberter Inseln und Plätze erregte im Volk eine Entrüstung, die selbst Georg III. zwang, schon 2 Monate später Bute als unmöglichen Sachwalter englischer Interessen fallen zu lassen. Der Hauptertrag aus dem Kriege lag für England im völligen Ruin der spanischen und der französischen Seemacht; finanziell waren alle Teilnehmer unterschiedslos am Ende.

4. Neue Produktionsverhältnisse und Klassenbildungen

Unter diesen Umständen setzte innerhalb der englischen Wirtschaftsverhältnisse eine Entwicklung ein, die für Englands Geschichte damals ausschlaggebende Bedeutung erhielt, darüber hinaus aber die ganze Welt erfaßt hat.

Die Anwendung der Kohle zum Ausschmelzen von Eisen war schon seit 1708 im Gange. 1760 wurde von Huntsman der Stahlguß erfunden, 1763 entwickelte Wedgewood die fabrikmäßige Töpferei.

Mit dem Pariser Frieden fiel fast genau zusammen der Anfang der Revolutionierung der Technik der Textilidustrie. 1764 erfand Hargreave die Jenny-Spinnmaschine für Baumwolle, d. h. eine Kombination mehrerer gleichzeitig anzutreibender Spindeln (zuerst acht), die von einem einzigen Arbeiter in Tätigkeit gesetzt werden konnten. Und James Watt begann 1764 die Konstruktionen, aus denen die moderne Dampfmaschine hervorging. 1767 folgte Arkwrights Erfindung, eine Vervollkommnung der Baumwollspinnmaschine; hier wurde zum ersten Male Wasserkraft als Antriebsmittel verwendet. Diese drei Erfindungen führten auf einem Gebiete der Produktion, das als Haus- und Handindustrie ohne Zunftbindungen in England schon lange eine zentrale Bedeutung einnahm, zum Ersatz der Handarbeit durch die Maschine. Sie wurden zum Ausgangspunkt des Industriezeitalters.

Freilich liegt der erste große Fortschritt erst 20 Jahre später: Nachdem 1777 die maschinelle Spitzenfabrikation erfunden war, baute 1785 Crompton durch Kombination von Hargreaves und Arkwrights Konstruktionen die Mule-Spinnmaschine, Cartwright den mechanischen Webstuhl und Watt verwendete die 1782 verbesserte Dampfmaschine in der Textilindustrie. Dem durch diese Produktionsmittel gesteigerten Bedürfnissen nach höherer Eisenproduktion entsprach seit 83/84 Corts Erfindung des Puddelns, durch das der Schmelzprozeß des älteren Frischverfahrens von 1½ Wochen auf 1½ Tage verkürzt wurde.

Die Folgen waren außerordentlich vielseitig. 1. Die Hausindustrie ging zugrunde. Aus ihr gingen einerseits die Besitzer von Maschinen, dann Fabriken hervor, andererseits die Industriearbeiter, die im Wettrennen um die kostspielige Beschaffung der modernen Produktionsmittel nicht Erfolg hatten. 2. Der den Produktionsprozeß beschleunigende Betrieb rief nach gesteigerter Zufuhr von Rohstoffen und trieb zum Suchen nach Absatzmärkten für die größere Masse der Produkte, belebte also den Überseehandel und damit die Schiffbau-Industrie außerordentlich. 3. In der Folge vermehrte sich nicht nur die Masse der Arbeitnehmer im Bergbau auf Kohle und Eisen, im Transportwesen, im Straßen-, Kanal- und Brückenbau (1755 Anfang des Kanalbaues, 1788 erste eiserne Brücke, 1803 Chausseebau in Schottland, 1767 Aufkommen der massiveisernen Schiene), in allen mit dem Überseeverkehr zusammenhängenden Gewerben, sondern sie erhielt Verstärkung durch die neue Erscheinungsform der Industriearbeiter. So entwickelten sich auf allen Gebieten der Warenerzeugung wie des Warentransportes Kapitalist und Arbeitnehmer in einem bisher ungeahnten Umfange zu gesellschaftlichen Klassen, und die Gesamtstruktur der englischen Gesellschaft erhielt in wenigen Jahrzehnten ganz neue Züge. Schon 1765 fand in einem begrenzten Bezirk ein Streik von 4000 Grubenarbeitern statt.

Bezeichnend für die Entwicklungsgeschichte des Kapitalismus in England ist die Tatsache, daß im 17. Jahrh. die größte und stärkste kapitalistische Organisation, die Ostindische Kompanie, keine Produktions-, sondern eine Handelsgesellschaft war (s. o. IV, 2 am Schluß). 1608 vom Großmogul Dschehangir mit dem Recht zu Handelsniederlassungen an der Westküste Vorderindiens ausgestattet, um 1640 den Aktionären 203% Dividende ausschüttend, 1661 von Karl II. mit dem Recht zu eigener Zivilgerichtsbarkeit, Militärgewalt, selbständiger Kriegführung und unabhängigem Friedensschluß mit den „Ungläubigen" in Indien, 1686 von Jakob II. mit dem Recht zu eigener Kriegsgerichtsbarkeit, Truppenaushebung, Festungsbau, Münzprägung ausgestattet, stellte die Gesellschaft einen Staat im Staate dar, von der die Regierung in ihrer inneren Gesetzgebung wie in ihrer Außenpolitik sowie auch finanziell nicht selten bestimmt wurde. Nach Fusion mit einer Konkurrenzgesellschaft (1708) wurden stimmberechtigte Aktien nur noch in Höhe von 500 Pfund ausgegeben, und das 24köpfige Direktorium setzte sich aus denjenigen Hauptaktionären zusammen, die mindestens vier solcher Aktien besaßen. Das Geschäft blühte hauptsächlich im Handel mit Baumwolle und Tee. Man vergegenwärtige sich die Masse der im Lohnverhältnis zu diesem kapitalistischen Riesenbetriebe stehenden Arbeitnehmer!

Der Prozeß der Industrialisierung, der Kapitalisierung, und der Proletarisierung hat sich von England aus in die Welt ausgebreitet und ganz neue soziologische Probleme bei allen Völkern der Erde aufgeworfen. Die zunächst im engen Rahmen Englands verlaufende Entwicklung gab auch den Kriegen mit Frankreich in der zweiten Hälfte des 18. Jahrh. einen neuen Charakter.

5. Die Fortsetzung der englisch-französischen Auseinandersetzung 1763—1815

a) **Der Kolonialkrieg 1775—83.** Die Ursache lag im Zusammentreffen finanzieller Staatssorgen mit der ungeschickten Eigenmächtigkeit des Königs, mit dem Anspruch des Parlaments auf Vertretung auch der in ihm nicht vertretenen Kolonialengländer und mit der in der Aufklärung wurzelnden Lehre von den Menschenrechten. — Die fundierte Staatsschuld betrug 1739 etwas über 54 Mill. Pf., stieg bis 1748 auf 78, dann aber bis 1763 auf 146. Bei der Erweiterung der Kolonien, bei dem Aufblühen heimischer Industrie, bei dem Anwachsen des Handels nach 1763 eine ungefährliche Lage; floß doch damals allein von der Getreideausfuhr dem Volksvermögen jährlich eine Vermehrung um 1/2 Mill. zu. Der Steuerkampf zwischen dem Mutterland und den Kolonien, ein Werk des Königs selbst und seiner kurzlebigen Ministerien, beruhend auf einer den Verhältnissen nicht mehr entsprechenden starren Aufrechterhaltung merkantilistischer Grundsätze, drehte sich also, von wirtschaftlichen Kraftverhältnissen ausgehend, überwiegend um staatsrechtliche Prinzipienfragen.

Der Krieg gehört der Geschichte der Vereinigten Staaten von Nordamerika an; im vorliegenden Zusammenhange interessiert er durch seine Ausweitung auf Europa.

Frankreich hoffte nach der englischen Niederlage bei Saratoga (77) durch Zutritt (78) den Pariser Frieden zu sprengen; ebenso wurzelt Spaniens Teilnahme (79) im vorigen Kriege. Dadurch erweiterte er sich sofort auf Westindien, die Küsten Afrikas und Ostindien. In Zusammenhängen, die ich in meiner „Weltpolitik des 19. Jahrhunderts" (Berlin 1922) nachgewiesen habe, beanspruchte Katharina von Rußland, die 74 der Türkei den entscheidenden Frieden von Kutschuk-kainardsche aufgezwungen hatte, unter dem Namen Bewaffnete Seeneutralität (80) die Freiheit der Meere für die Neutralen. So bleibt das Imponierendste an der britischen Außenpolitik dieses Krieges die besonnene Art, mit der drei ganz kurze Ministerien, eine Überanspannung der Kräfte vermeidend, ihn nach der Kapitulation von Yorktown 81 unter den bekannten Opfern abbrachen, die z. T. eine Revision des Pariser Friedens bedeuten. Übrigens erschien damals die Lebensfähigkeit des jungen Staatswesens in Nordamerika keineswegs als ausgemacht, und jene Zeit konnte unmöglich wie wir Heutigen den 4. Juli 1776 als Anfang einer neuen Epoche der Weltgeschichte betrachten.

b) **Das letzte große Ringen mit Frankreich (1793 bis 1815).** Die Selbstherrlichkeit des Königs, seine Vorliebe für die Torys, der unglückliche Ausgang des Kolonialkrieges, das Anwachsen des Defizits schufen in England eine scharfe Spannung der liberalen Kreise gegen das System. Noch war die durch die Juniusbriefe (Jan. 69 bis Mai 72) erzeugte Erregung nicht vorbei, als in ein und demselben Jahre 76 Ad. Smith durch seine Untersuchung über den Reichtum der Nationen und Thom. Payne durch sein Buch über den „Common sense" die kritische Stimmung nährten. Payne erhob von Amerika aus in seiner Darstellung der „American crisis" die heftigsten Anklagen. Burke und Fox standen schriftstellerisch und rednerisch in scharfer Opposition. Erst durch die revolutionäre Agitation, die ihren Rückhalt in der französischen Gesandtschaft hatte, rückte die Aufklärung für viele — Burke ist das bekannteste Beispiel — in Verruf und erhielten die Torys Stärkung. Diese innerpolitische Spannung wurde durch den großen Krieg nach außen abgelenkt; das ist seine eine Bedeutung.

Die andere liegt auf wirtschaftlichem und von da aus auf innerpolitischem Gebiet. Der jüngere Pitt übernahm 1783 die Leitung, die er ohne Unterbrechung bis 1801, dann noch einmal 1804—05 führte, bei einer Staatsschuld von 238,5 Mill. Pf. Sein Bemühen, sie abzutragen, wurde 10 Jahre später durch die französische Kriegserklärung vom 1. 2. 93 an England durchkreuzt. Noch zu seinen Lebzeiten (1801) wuchs sie auf etwa 500 Mill., um bis zum Kriegsende auf 864 Mill. zu steigen.

Wie ist der 22jährige Krieg finanziert worden? In der Hauptsache aus drei Quellen. 1. Steuern. Es gab „kein Besitztum, keinen notwendigen Verbrauchsgegenstand und keinen Luxusartikel, ja keinen Rohstoff und kein Halbfabrikat der Industrie, keine Dienstleistung von Juristen, Notaren oder deren Schreibern, die nicht direkt oder indirekt zur Steuer herangezogen worden wären“ (Brentano III, 1 S. 77). Hinzu kamen Erbschaftssteuer von Seitenverwandten und sogar eine gestaffelte Einkommensteuer. Bei einer Gesamtbevölkerung von rund 11 Millionen beliefen sich die Steuern 1797 auf 20,6 Mill., 98 auf 30,2 Mill., 99 auf 35,2 Mill. usw. 2. Warenausfuhr und 3. Anleihen. Die Steuern und Anleihen wären nicht möglich gewesen, wenn nicht eine intensive Warenausfuhr aufrechterhalten werden konnte. Ihr Ertrag hat zeitweilig 16 Millionen mehr als die Einfuhr ausgemacht. Aber diese Ausfuhr war, zumal die eigene Getreideproduktion den gesteigerten Bedürfnissen bei weitem nicht mehr genügte, nur möglich, wenn für die Einfuhr von Rohstoffen und die Ausfuhr von Fertigfabrikaten die Seewege offen gehalten werden konnten; hier liegt die überragende Bedeutung der Seeschlachten von Abukir (1. 8. 1798) und Trafalgar (1805). Als eben darum Napoleon die Häfen des Kontinents zu sperren begann, schon seit 1796, hat England seine Ausfuhr auch nach Europa dadurch aufrecht erhalten, daß es seine Fabrikate an die Vereinigten Staaten zum Weiterhandel absetzte! So wuchs der englische Nationalreichtum infolge der überseeischen Verbindungen und der industriellen Verarbeitung überseeischer Ersatzrohstoffe für die ausbleibende Kontinentalwolle fortgesetzt; und es war der schwerste Schlag, den Napoleon dem Gegner zufügte, als es ihm gelang, die USA 1812 (bis 14) auf Frankreichs Seite in den Krieg zu ziehen. Die ausschließlich bei dem privaten Großkapital aufgenommenen Anleihen summierten sich zur Staatsschuld. Das Vertrauen der Geldgeber gründete sich einerseits auf das gesetzliche Verhältnis zwischen dem Staat und der Bank von England, andererseits auf die beiden Schuldentilgungsgesetze Pitts von 86 und 92. Die Folge für den Charakter des Staates ist von einem zeitgenössischen Meister der Geschichtsschreibung, Heeren (1810), formuliert worden: „Das Eigentümliche des Fortgangs dieser Verfassung war, daß sie immer fester an den Kredit der Regierung geknüpft ward. Die Fortschritte des Anleihesystems verflochten immer tiefer, da fast alles im Lande geborgt war, das Geldinteresse der Regierung und der Nation; mit dem Fall des Kredits hätte auch das Anleihesystem aufgehört, und mit ihm die Kraft der Regierung. So ward dieses System das Zement der Verfassung. Aber da die Fortschritte desselben stets die Lasten vermehrten, so lag in dem verhältnismäßigen Fortschreiten des Nationalwohlstandes auch die Bedingung der Erhaltung der Verfassung." Damals ist zwischen Staat und Großkapital, das, wie gezeigt, im Parlament beisammen saß, jenes enge Bündnis auf Leben und Tod geschlossen worden, das zunächst dem englischen Staat des 19. Jahrh. sein Gepräge gab, von da aus aber auch auf dem europäischen Kontinent und in der Neuen Welt Schule gemacht hat.

Von den 850 Millionen Kriegskosten sind übrigens als Subsidien an die den französischen Druck nach dem Kontinent ablenkenden Koalitionsgenossen im ganzen nur 52,5 Millionen gegangen, dieser geringe Prozentsatz gewiß „der rentabelste Teil der Kriegskosten, denn sie haben die Invasion Englands verhindert" (Brentano III, 1, S. 55 f.).

Die Methode der englischen Kriegsführung war dreifach. Die militärische Teilnahme am Kontinentalkrieg in Holland (93, 99, 09) war unrühmlich und ergebnislos, erst die Unterstützung des religiös-nationalen Halbinselkrieges von Portugal aus unter Wellington (1808—14) gewann größere Bedeutung. Die Schlacht bei Waterloo (18. 6. 15) ist nur durch Blüchers rechtzeitiges Eingreifen in einen Sieg verwandelt worden. Im wesentlichen führte England den Festlandkrieg mit „silbernen Kugeln", wie die zahlreichen Subsidienverträge mit allen nur irgend gegen Frankreich aufzubringenden Staaten beweisen. Mehrere Male ist dadurch ein französischer Anschlag direkt auf England vereitelt und so der Grundcharakter des ganzen Krieges besonders in der preußischen Geschichtsschreibung verschleiert worden. Für England hat das Schwergewicht des großen Ringens immer auf der See gelegen. Da die Flotten europäischer Staaten, die in Abhängigkeit von Frankreich gerieten, alsbald als feindliche Streitkräfte behandelt wurden, bestand seit 1805 (Trafalgar) zur See keine nennenswerte Gegenmacht; der Raub der dänischen Flotte (Sept. 07) sollte nur einer Verwendung durch Napoleon vorbeugen. Beim Wiederausbruch des Krieges 1803 verfügte England über 907 größere Kriegsschiffe mit 165 000 Mann, vier Jahre später über 1067. Die Handelsflotte aber — eine strenge Scheidung beider Arten kannte die Zeit nicht — vermehrte sich zwischen 1803 und 1807 jährlich um durchschnittlich 2600 gekaperte Schiffe. Englands unerhörte Übermacht zur See wirkte sich zwangsläufig auch politisch aus: die Könige von Sardinien und Neapel, von Portugal und Spanien, von Frankreich und den Niederlanden konnten nur unter der Voraussetzung völliger englischer Seeüberlegenheit bei England Zuflucht oder Begünstigung finden, und so wurde das toristische England der Hort der europäischen Restauration, wie es denn ja auch in Spanien gemeinsame Sache mit dem Kampf für

Thron und Altar gemacht hat. In der Neuen Welt hing mit Englands Seeherrschaft jene Bewegung zusammen, die, ursprünglich gegen die französische Fremdherrschaft, später gegen die Reaktion der angestammten Fürstenhäuser gerichtet, zur Unabhängigkeit Mittel- und Südamerikas führte. 1810/11 knüpfte Bolivar in London feste Verbindungen, dort wurde er auch mit Waffen ausgestattet. Da Frankreich auch über Irland den Feind zu treffen suchte, wie vordem schon Ludwig XIV., gehört auch die Behandlung der irischen Frage in London zur Methode der Kriegführung. Die Bildung der Ligue of United Irishmen, nicht der ersten nationalrevolutionären Organisation des 18. Jahrh., mit dem Ziel einer unabhängigen irischen Republik zwang seit 1792 das englische Parlament zu Einzelkonzessionen. Aber gerade die Halbheit ermutigte 98 zu offenem Aufstand, der englische Streitkräfte band. Daher griff Pitt unter Anwendung einer Bestechungssumme von 1,6 Mill. zu demselben Mittel der Beilegung, das schon Schottland gegenüber 1707 zur Abriegelung der Stuartbewegung angewandt war, der Parlamentsvereinigung. Bei ihrem Inkrafttreten 1801 schickten 5,4 Mill. Einwohner Irlands 32 Peers in das Oberhaus und 100 Abgeordnete in das Unterhaus.

Das Ergebnis des 22jährigen Ringens liegt weniger auf territorialem Gebiet; hier hauptsächlich in Indien, wo der Sturz des Reiches Maisur und die Besiegung der Mahratten einen Teil des Dekhans unter englische Herrschaft brachte, und in Südafrika. Die Besetzung einzelner Inseln in den europäischen Ufermeeren, im Atlantik und im Indischen Ozean läßt einen planmäßigen Ausbau des Wasserstraßennetzes unter dem Gesichtswinkel der Süßwasserversorgung der Segelschiffahrt erkennen. Schwerer wiegt die Zerstörung der französischen, spanischen, holländischen, dänischen Flotten bei einem Bestande einer englischen Handelsflotte von etwa 20 000 Schiffen; dazu die endgültige Öffnung des Handels nach allen Kontinenten gerade im Moment dieser fast monopolartigen Welttonnageverteilung; und endlich der große Warenhunger des ausgemergelten europäischen Kontinents, ein Weg, auf dem ein großer Teil der englischen Kriegssubsidien rasch wieder vom Festland nach Großbritannien zurückfloß. Aus den französischen Reparationsverpflichtungen an die Sieger des zweiten Pariser Friedens in Höhe von 700 Millionen Fr. erhielt England 125 Millionen. Dazu im Lande eine vom Krieg unberührte Industrie. „England ist zu Anfang des 19. Jahrhunderts die industrielle Werkstatt der Welt und der Mittelpunkt des Weltverkehrs geworden“ (Brentano III, 1 S. 57). Ein Historiker der Zeit, J. G. Eichhorn, hielt 1817 den Frieden Englands für derartig gesichert, daß er fragen konnte: „Welcher seiner europäischen Nachbarn könnte ihn stören, ohne sich selbst völlig zu verbluten?“

Die letzten 4 Jahre des großen Krieges 1811—15 haben in der englischen Geschichte ein wesentlich anderes Gesicht als in der landesüblichen deutschzentrischen Darstellung. Der seit 1808 auf der Pyrenäenhalbinsel geführte Krieg beanspruchte enorme Summen. 1810 sollen, obwohl an keinen Koalitionspartner Subsidien zu zahlen waren, 7 Mill. Pf. in Gold nach dem Kontinent geflossen sein. Der Rücktritt des Zaren Alexander von der Kontinentalsperre öffnete zwar dem englischen Handel den russischen Markt wieder, erforderte aber 1812 auch neue Subsidienzahlungen. Allein der Eintritt der USA in den Krieg unterband im gleichen Jahre die einträgliche Ausfuhr nach Amerika, und im Gegensatz dazu stiegen die Subsidienzahlungen nach dem Kontinent 1813 auf 5,3 Millionen, 1814 auf 11,3, dann auf 10. 1816 wieder auf über 11 Mill. Lange konnte diese Geldwirtschaft selbst bei hohen Ausfuhren, wie sie nach dem Eintritt Preußens, dann Österreichs 1813 und nach dem Genter Frieden mit USA (Dez. 14) wieder einsetzten, nicht dauern; sie war nur möglich auf Grund der privatkapitalistischen Entwicklung der heimischen Industrie, die durch die Einführung der Gasbeleuchtung in die Fabriken und seit 1808 in den Straßenverkehr verdoppelte Produktionszeit erhielt, während durch dieselbe Erfindung der Bergbau auf Kohle weiter ausgebaut werden mußte und sich die Rentabilität allgemein verbesserte (1810 erste Gasgesellschaft). Die Folgen der mit Hochdruck betriebenen Umstellung eines bis vor kurzem überwiegend landwirtschaftlichen Volkes auf Industrie, Entwurzelung vom Boden und von der Natur überhaupt, Massierung in ganz unzulänglichen Wohnverhältnissen nahe der Arbeitsstätte, höchste Anspannung der Arbeitskräfte bei möglichst niedriger Entlohnung traten seit 1811 in die Erscheinung: Aufstände des neuen Proletariats, Zerstörung von Maschinen. Die Lage war für die nun einmal eingeschlagenen Produktionsmethoden so kritisch, daß das Parlament 1812 an die Stelle der Deportation vielmehr Todesstrafe auf Sabotage setzte. Nicht greller konnte der Klassengegensatz zwischen Kapital und Arbeit beleuchtet, nicht breiter der Riß zwischen zwei neuen Gesellschaftsklassen aufgerissen werden Das schlimmste war ja, daß sich der Staat mit einer Gesellschaftsschicht gegen einen anderen, auch zu diesem Staat gehörenden Teil der Bevölkerung verband. Was Wunder, daß sich im Proletariat auch eine Klassenideologie entwickelte, deren Inhalt nach Lage der Dinge durch den gegebenen Gegensatz zum privatkapitalistischen Staat bestimmt war. Selbst die Gedanken, die 1813 ein der kapitalistischen Gesellschaftsschicht angehörender Leiter einer großen Baumwollspinnerei in Schottland, Robert Owen, über „eine neue Auffassung von der Gesellschaft“ der Öffentlichkeit unterbreitete, erregten den Zorn der Bourgeoisie und der staatlichen Geistlichkeit.

6. Zur Geistesgeschichte

Die anderthalb Jahrhunderte vor 1815 weisen ein ungemein reiches Geistesleben auf. Es hat, wie einst die athenische Aufklärung des 5. und 4. Jahrh. v. Ztw. auf die damalige „Welt“, in stärkstem Maße auf den Kontinent ausgestrahlt. Nur wenig kann davon hier erwähnt werden.

Lockes Zögling Anthony Ashley Cooper Graf von Shaftesbury (1671—1713), Hauptvertreter der Renaissance des Stoizismus, baute die von Hobbes angebahnte Säkularisation der Moral weiter aus, entwickelte auf Grund der neuen Naturwissenschaften die Vorstellung von der Vollkommenheit und Harmonie des Kosmos, stieß aber dabei mit seinem Wirklichkeitssinn auf das Problem der Theodizee. 1682 berechnete Halley (1656—1742) den Kometen, der seinen Namen erhielt, und übernahm 1720 die Greenwicher Sternwarte. Isaak Newton (1642—1727), Lockes Freund, Erfinder der Differentialrechnung, rückte durch die drei Bände der „Mathematischen Prinzipien der Naturlehre" (1686) die mathematischen Naturwissenschaften in den Mittelpunkt der Gelehrtenwelt, führte 1665 bzw. 83—87 durch das Gravitationsgesetz die Keplerschen Gesetze auf eine Urform zurück und bewies die vollkommene Einheitlichkeit alles kosmischen Geschehens. John Toland (1670 bis 1722) lehnte die Verschiedenheit von Geist und Materie ab und lehrte die Einheit von Kraft und Stoff. Bolingbrokes (1678—1751) dem Deismus nahestehende Schriften wurden auf Befehl des Parlaments als dem Glauben, den Sitten und der öffentlichen Wohlfahrt gefährlich verdammt. Aus dem Boden der Aufklärung erwuchs 1717 in London die Freimaurerei. Bradley (1692—1762) wies 1728 die Aberration des Lichtes nach und wurde 1742 Halleys Nachfolger in Greenwich. 1736 erschien die große Allgemeine Weltgeschichte, der Ausgang aller späteren Weltgeschichtschreibung. Sie erfuhr eine handlichere Kürzung 1764. 1774 trat Edw. Gibbon (1737—94) mit seiner berühmten History of the Decline and Foll of the Roman empire hervor; Ad. Ferguson stellte 1783 eine History of the Progress and Termination of the Roman Republic daneben. Als dritter bedeutender Historiker der Zeit schrieb 1759 William Robertson (1721—93) seine History of Scotland; und die History of America, 1777 während des Unabhängigkeitskrieges veröffentlicht, erfuhr stärkste Beachtung. Berkeley (1634—1753) verstieg sich als Gegner aller Freidenker und besonders Tolands so weit in einen erkenntnistheoretischen Idealismus, daß er die Existenz der materiellen Welt leugnete. In solchen Gegensätzen machte der große Skeptiker David Hume (1711 bis 1776) die Erfahrung selbst zum Problem wissenschaftlicher Erkenntnis, forderte als Grundlage aller religiösen und moralischen Aufklärung die mathematischen Naturwissenschaften und wurde so der Vater des Positivismus. Endlich formulierte Ad. Smith (1723—1790) in der epochemachenden „Untersuchung über die Natur und die Ursachen des Reichtums der Nationen" die Theorie des wirtschaftlichen Liberalismus (1776); dabei wies er auch auf die Arbeit als Quelle alles Reichtums, als Preisursache und Preismaß hin. Sir Humphry Davy (1778—1829) machte seine die ganze Chemie neu begründenden Entdeckungen seit 1798 und schenkte 1815 der Welt die Sicherheitsgrubenlampe für den Kohlenbergbau.

Endlich sei noch zweier Deutscher gedacht, die in England innerhalb des dortigen kapitalistischen Systems zu Weltruhm gelangten. Georg Friedrich Händel aus Halle (Saale) (1685—1759) kam über Hannover 1714 nach England, wo ihn dann die Hofgesellschaft zu den ihren rechnete. Hier schrieb er seine wuchtigen Orgelkonzerte und majestätischen Oratorien, zu denen er den Stoff überwiegend aus dem Alten Testament nahm; 1746 feierte er im „Judas Makkabäus" den Sieg des auserwählten Volkes über seine Feinde. Aus Hannover stammte Friedrich Wilhelm Herschel (1738—1822), der 57 als Musikus nach England kam und hier zu dem berühmten Astronomen wurde. Mit englischem Kapital baute er 85—89 das große Spiegelteleskop, mit dem er in die raumlosen Weiten des Weltalls vorstieß, unser Sonnensystem als Bestandteil eines galaktischen Systems erkannte und nun auch der Sonne samt ihrem Planetenanhang eine stürmische Fahrt durch die Leere des Kosmos zuwies, Erkenntnisse, die auch eine Revolution bedeuten. Sie hat sich bei weitem noch nicht durchgesetzt.

Die mit jahrhundertealten Traditionen brechende Umwälzung des englischen Textilgewerbes mit ihren folgenschweren Auswirkungen auf den Bergbau und auf den Überseehandel; das Eindringen der auf dem Boden der Seebeuterei und des Welthandels entwickelten Aktiengesellschaft in die „Industrie“; die daraus hervorgehende, mit dem mittelalterlichen Dreiständesystem brechende Bildung zweier in ihren Interessen diametral entgegengesetzten Gesellschaftsklassen; dazu endlich der durch diese ganze stürmische Entwicklung bedingte neue Charakter der englischen Kriege nach 1763 lassen deutlich erkennen, daß bei 1763/64 ein tiefer Einschnitt in der englischen Geschichte gemacht werden muß. Wenn trotzdem im vorliegenden Bändchen der Fortgang bis 1815 durchgeführt ist, so nur aus rein raumtechnischen Gründen. In Band 1088 wird darzustellen sein, wie sich von den in Band 375 erörterten Voraussetzungen aus im 19. Jh. ein in seiner gigantischen Größe imponierender Bau entwickelt hat und die fürchertliche Katastrophe der beiden großen Kriege in der ersten Hälfte des 20. Jh.

Sachverzeichnis

Philipp III.
1270—1285

Eleonore v. d. Provence 1236 ∞ Heinrich 1216—

Karl v. Valois | Philipp IV. 1285—1314 | Margarete † 1318 ∞ Eduard I. 1239—1272—1307 ∞ 1) Eleonore v. Cast. † 1290 | ∞ Enke

Philipp VI. 1328—1350 | Ludwig X. 1314—1316 Philipp V. 1316—1322 Karl IV. 1322—1328

Isabella ∞ 1298 Eduard II. 1284-1307-1327

Johann II. d. G. 1350—1364 ∞ Bona v. Luxemburg | Johanna (s. rechts *) | Eduard III. 1312—1327—1377 ∞ Philippa

Philipp d. K., Hzg. von Burgund 1363—1404 ∞ Margarete v. Flandern | Karl II. d. W. 1364—1380 ∞

Johann 1404—1419 | Ludwig, Hzg. v. Orleans 1391—1407 | Karl VI. 1380—1422 | He 1

Philipp 1419—1467 | Johann v. Angoul. † 1407 | Karl v. Orléans † 1465 | Karl VII. 1422—61 | Katharina ∞ 1) He ∞ 2) Owen

Karl d. K. 1467—1477 ∞ Margarete York (s. d.) | Karl ∞ Luise v. Savoyen | Ludwig XII. 1498—1515 | Ludwig XI. 1461—83 | 1) Heinrich VI. geb. 1421 1422—61—71 1445 ∞ Margarete v. Anjou

∞ 1) Johanna ∞ 2) Anna v. Bretagne ∞ 3) T. Heinrichs VII. v. Engl. | Karl VIII. 1483—98 1491 ∞ Anna v. Bretagne

Maria (1457—1483) | Eduard (1453—1471) ∞ Anna v. Glocester

Margarete ∞ Kg. Heinrich v. Navarra | Franz I. 1515—1547 ∞ 1514 Claudia

Johann
1199—1216

Wilhelm d. Löwe
1165—1214

Richard
v. Cornwallis

Johanna 1236 ∞ Alexander II. v. **Schottland**
1214—1240

Margarete ∞ 1251 Alexander III.
1240—1286

ois
VIII.

Schottland
Robert I. Bruce
1306—1329, geb. 1274

Johanna *) Schwester Eduards III. 1328 ∞ David II.
1329—1371
geb. 1324

Majory
∞ Walter
Stuart

Robert II.
1371—1396

Wilhelm III. v. **Holland**
1304—1337

Margarete
∞ Ks. Ludwig d. Bayer

ann v. Kent, —1399
Hzg. v. **Lancaster**
Blanca v. Kastilien
Konstanze v. Kastilien

Eduard
(1330—1376)

Lionel
Hzg. v. Clarence
∞ 1368

Edmund
Hgz. v. **York**
—1402

Thomas, Hzg.
v. Glocester
† 1397

Johann
Somerset
† 1410

Richard II.
1377—1399
∞ Anna v. Böhmen,
T. Karls IV.

Philippine
∞ Edmund
Mortimer

3—1422

Johann Somerset
† 1444

Anna ∞ Richard
v. York

Edmund v.
York † 1415

nd ∞ Margarete

Richard v.
York † 1460

Margarete
∞ Karl d. K.
v. Burgund
(s. d.)

Eduard IV.
1461—83
∞ Elisabeth
Grey

Georg
v. Clarence

Richard III.
1483—85

Heinrich VII.
1485—1509

1485 ∞ Elisabeth
† 1503

Eduard V. † 1483

Richard † 1483

Eduard † 1484

FSC
www.fsc.org
MIX
Papier | Fördert gute Waldnutzung
FSC® C083411

Kolibri 360 GmbH
Ferdinand-Jühlke-Straße 7
99095 Erfurt, Deutschland
produktsicherheit@kolibri360.de